aella

attraction · elegance · love · learning · action

微調術

黃薇

關於黃薇

時尚圈一個不可缺少的名字，媒體封她為「時尚大師」，後進稱她為「時尚教母」，因為她是台灣時尚業首位進入巴黎時尚後台，與國際級設計師面對面採訪，並於各大媒體發表專業評論的先驅。

黃薇早年留學瑞士，並在加拿大大學學府U.B.C服裝，主修服裝設計與美術商業管理。曾在加拿大、香港從事設計、百貨採購的她，是台灣電視圈第一位時尚主播，同時也是台灣、中國兩地的公關名人、國際中文版雜誌編輯顧問。她還擔任各項比賽評審、籌畫大型時尚展覽等，展現令人驚嘆的專業表現。總是忙碌奔波於國外各個城市的她，近來更透過數位頻道的深耕，用娛樂的手法包裝時尚，將產業與設計人才結合在一起，進一步創造品牌。

黃薇一路走來，始終都是時尚鎂光燈的焦點，然而，二〇〇五年末，她多做了人生的另一項嘗試——寫書。《脫衣術》，是她展開個人時尚論述的第一部作品，許多人驚豔於她的獨特觀念與新穎內容，在出版市場上引起了極大的迴響與話題。接著，二〇〇六年末，她又推出了第二部作品《粉紅力》，和大家玩起色彩遊戲，帶領讀者輕鬆走入色彩的溫柔世界。矢志追求美好人生的她，在多重忙碌的工作生活中，不間斷地持續寫作，最大的目的是為了大家一起找到更好的自己，以及如何打造自己。二〇〇八年，她再次寫下了第三部重要的作品《微調術》，以時尚設計的美學概念，大膽挑戰美容、醫學界，展現她充滿個人魅力的人生理念。每一次出版，總是帶來突破傳統的想法與嘗試，這正好標示了她在時尚美麗行業中特有的價值與地位。

目次

PART 1 人人都要微調，時時都要微調

PART 2

要微量、微心、微整

PART 3

適合自己的微整形

PART 4

黃薇的10個微調術

PART 5

台北微調術地圖

早一點微調，或許人生更美好

序

我所謂的微調，是以人人都會想要讓自己更好的心態為出發點，不斷吸收新知求進步，而且是必須尊重專業，並有一個開放的思維，將新的東西調到一個適合自己的配方。

我一向是個很敏感的人，隨著人生歷練，現在我察覺微調已經到了一個必要性，甚至是具有迫切性！

其實，在人生的路上，我一直都在微調。或許從十年前就有意識地開始了，只是當時並不覺得微調的重要，如今，到了人生這個階段，我發覺，如果可以早點知道「它」是這麼重要，我的人生說不定會更好。

這十年來，我的心態調整是愈變愈好，就像金馬獎頒獎那天，影后陳沖說「上有老，下有小」，我覺得這句話說得太好了，她道出了女人到了某個階段時，當看到那些資深的人，也知道自己正往那邊靠攏，而看到後面那些漂亮的年輕美眉，也會感嘆年華一天天地流逝而出現患得患失，如何將心態微調到坦然接受，而不為外界所動，是件不容易的事。

我所謂的微調，是以人人都會想要讓自己更好的心態為出發點，不斷吸收新知求進步，而且是必須尊重專業，並有一個開放的思維，將新的東西調到一個適合自己的配方。所以，微調不僅關乎外表，它更是一種打從內心開始到外在的一切，從心態、狀態與適量的調整，而它也必須從美學觀點出發，各年齡層的人如何從內心面對實齡，外表還有空間讓人可以小小玩遊戲，你只要注意自己的飲食、健康、保養、能力與知識等，已有太多的方式可以讓人微調達到更好的狀態。

微調的好處，不只是在工作事業上成功，就連外表也會因內在的改變而讓人活得輕鬆、變年輕漂亮。因為微調是讓人誠實坦然地面對自己的不好，不會害怕承認自己是弱者或不對、不夠用功或是做事不夠盡心盡力等，所以現在的後果就要坦然負擔。所以如果每個人經常這麼做的話，就不會害怕，只有不願面對自己的人才會害怕面對真實的自己。

我的每一本書，從《脫衣術》、《粉紅力》到現在這本《微調術》，都是在推動一個新觀念，目的是讓我們一起來找到更好的自己及如何打造自己。其中，我發覺「認清」自己的動機很重要，否則為何有很多人即便買書回家看後，仍沒有多大的改變？為什麼大部分的人都只是看了就算，而不採取行動？原來這都是人性，因為人有慣性與惰性。慣性是習慣養成的，惰性是因為舒服而不願改變。然而做任何改變都要花力氣與適應期，就像吃東西一樣，因為吃慣了某種口味，就一直吃的道理一樣，但當別人介紹新口味時，有人就會先排斥，以為自己的是最好吃，別人的都不好。其實這也反映了我們平時的心態：「總以為自己是最好的，大家都應聽我的才對。」

如果能把心態微調到：「喔，原來是這樣，我也很想試試看。」說不定你會發現一個不一樣的自己，或是在試了一段時間後，才赫然發現：「啊？我怎會這樣過一生！」

我有一個好朋友，吃東西總是重口味，習慣吃得很鹹。她有幾次到我家來做客吃飯的經驗，對她而言我燒的菜是淡而無味，我反倒納悶鹹到發苦的菜她怎麼吞得下？直到有天當她的身體出現問題了，醫師告訴她飲食要清淡而改變，當她微調到已能意識到太鹹時，才赫然發覺自己已這樣苦澀過了幾十年。

從做人處事到與家人相處都需要微調，就連讓自己變美也是微調的重要一環，小從不必花錢從整理儀容開始到化妝保養，甚至是目前最夯的微整形也是一樣，微調的觀點一樣受用無窮，因為拜醫學美容的進步，光是保養上就有很多選擇，甚至是想要美容整形並不是什麼新鮮事，而追求美的態度自古皆然，但要微調到讓人在神不知鬼不覺的情況下，發現你變年輕與漂亮了，同時整出來的結果是同中求「異」，才符合最新潮流與新觀念。

既然知道微調的重要性後，我會建議有心想讓自己從裡到外更美好的人，不管是為了談戀愛，或是為了健康因素，每天從「一定要」且「多注意」自己就是微調的開始，快樂的做微調，及早做微調，就能更早品嚐到它美好的果實，既然要微調，那麼就早一點投資與付諸行動吧！

PART 1

人人都要微調，時時都要微調

賞心悅目的重要性

「賞自己的心，悅別人的目」，沒有人不喜歡欣賞美麗的事物，每天容光煥發，散發出精緻質感，讓周遭的人感覺「這個人好好看、好出色！」就能輻射出一股愉悅的能量，帶給別人好心情與信任感。

追求好看，是人性基本需求

愛美，是人類的天性。但是在我看來，追求好看其實也是人性的基本需求。

在競爭超激烈的職場，「贏在第一眼」，通常是成為順利通關的叩門磚，人們一旦提高了美麗商數（BQ），就有機會讓自己更接近成功。你可千萬別自以為清高的說內涵才重要，並認為成為「外貌協會」的成員是件羞恥的事。要知道，現在全球企業和人力資源專家們都大聲疾呼：「外表，百分之三百重要！」因此，好看（Good Look）已成為二十一世紀另類的人力資本。

我常說，賞心悅目實在太重要了！因為在職場的殘酷舞台上，如果第一印象沒有搶得優勢贏面，那麼極可能就沒有第二次機會再表現自己。沒有出色外表的人，也別灰心，如果能夠用心留意自己，做到讓人一眼看上去就是乾乾淨淨、清清爽爽，隨時給人一種對眼、順眼，給人賞心悅目的印象，是可以為自己大大加分不少的。

「賞自己的心，悅別人的目」，沒有人不喜歡欣賞美好的事物，每天容光煥發，散發出精緻質感，讓周遭的人感覺「這個人好好看、好出色！」就能輻射出一股愉悅的能量，帶給別人好心情與信任感，進而讓人不自覺想把重要任務託付給你，試試你的能耐，給你一展長才的機會，不是有句話說：「好看，就能被看好。」說得一點也不誇張。

想想看，如果你是企業主管，當面對兩個才學、實力與能耐相當的應徵者，你一定會錄用外表好看、稱頭的那位，因為他一出去就是代表公司門面，他能讓對方覺得自己賞心悅目，就能讓對方欣然肯定公司挑選人力的眼光，進而為企業品牌加分。而因他所接觸的人際關係所帶來的專業形象，連動帶來業績、進而引發後續的聚合，都可能形成一連串的漣漪效應，因此，對於一個人的外表怎能不格外謹慎？

此外，對流行潮流變化敏感一點的人一定會發現，時尚指標已經從過去的明星藝人轉移到名模名媛，如今又再轉移到企業第二代、第三代年輕接班人身上，這些名門閨秀、世家貴婦、貴公子並不會一味跟著流行走，反而是由他們自己引領出獨特的有型有款的優雅品味與品牌風潮，他們不但被置於最醒目的位置，他們的生活更被人們用放大鏡檢視，不只是外貌上的耀眼光彩，就連一言一行、一顰一笑，舉手投足都成為被仿傚、追逐的對象，這是因為他們知道自己是眾目所繫，被賦予許多注意力，所以得下工夫勤做保養，讓自己隨時處在最佳狀態。

這些名媛貴婦們的「好看」，其實是每天每時每刻自己用心微調出來的結果，他們之所以「被看好」，是因為一直努力保持著這些好看的本質，並且謹守過猶不及的中庸之道。在他們身上不會做太超過的驚人之舉，也不會出現太頹廢的名實不副，然而從他們身上，我們可以看出微調與追求美麗之間的重要性。

第一印象帶來的人氣指數

人生的轉捩點可以有很多次機會，然而給人一個好印象極可能改變人的一生，甚至決定一生的幸福！在你的這一生中會和無數人有第一次接觸，如果懂得隨時調整好自己，就能擴展無數個外緣，並為自己打造良好的人際關係。

第一印象就如同一間房屋的基石，讓自己因良好人際關係的建立，慢慢打好你的人生基石，並啟動別人想要接近你、探索你、和你交談，甚至產生追求的欲望，因此，給人家好印象，絕對是個必要且重要的禮貌，也是人際關係踏出的第一步。

近年來，坊間一些與提高專業形象有關的課程，常提出西方學者雅伯特·馬伯藍比（Albert Mebrabian）研究出的「7/38/55」定律。7％是指你的談話內容，38％是輔助表達力的肢體語言，55％比重的卻是外表，好看的外表藉著妝容、衣著、配飾而為氣質加分，顯現出你擁有打理自己的智慧和掌控力，展示出你對環境變化、融入很有Sense，這樣的專業形象，讓人願意欣然交付所託，等待並發掘你內在延展的無限可能。

我並不是說只要在有面試、約會或有目的的時候，才要給人深刻姣好的「第一印象」，而是我們每個人都得隨時隨地做好微調工夫，把自己保持在最佳狀況，即便與人擦身而過所留下的片刻印象都要是好的，因為你不知道在電梯裡遇見的人會不會是馬上要面試你的主管；在馬路上問路的人會不會是你未來的貴人；你也不知道今天公司是否會派你和重要的人會談，或是要你出席重要的會議；有著太多的「你不知道……」，所以你得隨時維持讓自己得體好看，因為「這樣的好看」才能隨時讓你自己「開著大門」，讓自己禁得起檢視和注意；然而只要把微調變成生活習慣的一環，就可以不用花太多力氣，任何時候都可以拿得出來，也站得出去。

和外貌息息相關的是你的心境，正所謂「相由心生」，如果想要達到真正的「美麗」，除了維持良好的外在，你也要將心情微調在一個平靜愉悅的狀態下才能達成。美好心情、愉悅神情所造成的感染力是能立即產生共鳴。熱情招呼會快速拉近彼此的距離，歡喜的神色會讓人注意到你整潔清爽的外表，一個眉眼微笑會讓人欣賞到你的幽默風趣談吐，而用心傾聽會讓人備覺受到尊重，為你的印象分數大大加分；所以說，好心情是人際關係最好的催化劑，這樣的印象無關年齡長幼，無關職務高低，甚至於可能為一個長得「很抱歉」的外貌起了絕大的加分作用，進而發展成持久而良好的人際關係。

第一印象極可能影響你一生，也大有機會讓你走捷徑，當心情微調好、實力準備好，人際關係就能處理得好，甚至因為建立人脈進而掌握了錢脈，專家說：「先天的容貌是父母給的，後天的嘴臉則是自己造成的。」也就是人們常說的人緣就是飯緣，因此有沒有好人緣、能不能帶給別人愉悅的情緒，這些都是要靠由內而外的微調術，讓你隨時準備好給人舒服、從容、賞心悅目的第一印象。

美麗DNA是可以改造的

「自然就是美」？這句話在過去很風行，但是，這在現代可能就不夠看了，因為，進入二十一世後，競爭力講求的是全方位的美麗，訴求的重點已提升到「微調就是美」！即使先天不足，也可以利用後天的各種勤快保養，或是恰到好處的微整形，把原來平凡的樣貌蛻變成自信、自在的優質印象。

拜生物科技之賜，近百年來的醫學美容已經發展得愈來愈成熟，二十一世紀更是蓬勃興盛的整形風，全球各地風起雲湧的思變風潮，已從歐美延燒到日韓，更進而席捲了台灣，因此，挑戰美麗DNA的改造工程，不再是明星、貴婦名媛的專利，就連學生、粉領、菜籃族都懷抱著無限希望，期盼透過現代醫學的恩賜，求得青春美麗，延緩老化報到；讓人感到可喜的是整形醫學日新月異的發展，打造人工美女的技術愈來愈純熟，資訊愈來愈多，但風險相對愈來愈少，改變平庸外型、改變快樂心情，甚至搭乘時光隧道，找回逝去青春都已不再是夢想。

另一方面，人們對整形的觀念也不斷在變，過去被認為花大錢追求外貌是一種盲目的虛榮，甚至有人根深柢固的認為身體髮膚受之父母，不敢毀傷，但現代人卻大大轉變了，據說在韓國已有父母親打從小孩出生後即努力賺錢，準備孩子將來長大整形的本錢，而為孩子儲蓄整形費在韓國也不再是新鮮事。心理學家也認為，一個人如果在整形之後，可以因外貌變美麗而提高自信，因為內在心情快樂進而掌握愛情，讓婚姻更幸福，生命更有品質，何樂而不為？人生苦短，如果有機會且有能力把自己變漂亮，看起來賞心悅目，沒有什麼理由不去嘗試改造美麗DNA，爭取更大的競爭力。

當然，美麗DNA的改造也有不可能到達的極限，我也不忘提醒想改造自己的人先看清自己的條件，清楚接受可以改變的底線，例如只有一五〇公分高的人，就不要想要「整」成一七〇公分的長腿名模；如果是天生的「黑肉底」，就不要像麥可傑克森一樣，把自己漂白到太詭異；已有一點年紀的人，就不要拉皮拉得像少女，光滑到極不自然；一個天生愛笑的人，也不必非整形到失去表情紋路，這樣反而顯得臉部表情太過僵硬而失去了原有的親和力；由於每個人都有天生的特質與魅力，千萬不要把父母給你的最獨特的特質給浪費了，而開倒車把自己整成讓別人不認識的模樣；一定要堅持「有所變，有所不變」，即便是改造後也要讓人認得出你原有的風貌味道，才是真正屬於自己的美麗。

別怪男人，他們是視覺動物

我想，一定還有很多人選擇過度相信自己的才華、美德，以為這樣就能永遠抓得住男人心的女人，我要誠實地說，如果你真的這樣想，就實在是太天真了！男人，真的是視覺動物！不相信這點或是不認清這點的女人就會吃大虧。我的整形外科醫師朋友對於這樣的說法，體會是最深刻的。他告訴我，在他的診所裡經常接觸各類不同的女性，她們常把男人掛在嘴邊，雖然也有甜蜜恩愛的少數，大多數都在責怪、謾罵、批判男人是負心漢。她們最忿忿不平的就是，追到手之後態度丕變，不然就是婚前婚後待遇差很多，年輕時的山盟海誓，等到人老珠黃，魅力不再時，男人的變臉、變心可比反掌或翻書還快。

這是因為男人天生就是視覺性動物！只要看到年輕漂亮的女人，他們就有止不住的心猿意馬，受不了的直覺衝動，眼睛總是喜歡看雪膚玉貌、媚眼生春、豐胸翹臀、美頸長腿的女人，加上現代女性高唱身體自主，敢於投懷送抱，男人很少能有免疫力的，怨偶與悲劇於是層出不窮。

正因為人是視覺動物，你每天把自己打扮得漂漂亮亮，夫妻之間感情一定會維繫得比較好。如果你每天回到家裡就邋裡邋遢，先生為什麼要忍受回家後總是看到你最醜的那面，而你每天把自己裝扮得美美出去上班，只為給別人看？相對的，他每天在外面看到、接觸的人都是經過打扮最漂亮的人，然而回到家裡也會懷疑：奇怪，我怎會娶這樣的女人呢？因為他每天都有強烈的比較，日子久了，你果真成為「黃臉婆」了，感情不變質才怪。相反的，如果你每天都把自己打理好，而先生回到家裡則是當著你的面剔牙、喝湯是稀瀝呼嚕的，但他每天同樣是穿著體面帥氣出門上班，回家又把你當下女使喚，像這樣的老公，你會要嗎？

其實，在瞭解男人是以下半身思考的生理構造與心理情境之後，女人更應該要有這樣的覺悟與應對，如果他的目光曾經為你駐留，他的心曾經為你傾倒，為什麼不能永遠給他視覺的強力吸引，讓他移不開視線呢？女人想要擄獲男人的心，只是想抓住他的胃已不夠，現在更要抓住他的目光；為了能投悅己者所好，只要你覺得有這個必要，不論是隆乳、墊鼻或割雙眼皮，沒什麼不可以，只要你想保持自己的新鮮感、讓自己更有自信與魅力，就要用美感的視覺抓住對方的心！

不知道你是否曾聽過以下這個真實故事，有一對水火不容的夫妻，把感情寄託在網路交友上，夫妻回到家裡後，就各自上網與網路情人夜夜傾吐心聲，不知不覺陷入熱戀，愛到難分難解，再也按捺不住時，雙雙約了電子情人見面，直到見到對方時才驚覺原來是每天吵得不可開交的彼此！這個頗為反諷的小故事就是告訴我們，千萬別忘了經營婚姻生活也是要微調，原來契合的個性在久久荒廢微調之後，慢慢就走岔了、離遠了，即使是長得再美，見久習慣了也跟普通人一樣，很快就會失去吸引力，但如果雙方都能一直微調，就能時時保持那份初識時的新鮮感、愉悅感，甚至於愈來愈性感，不斷刺激這視覺動物的感官，相信他會移不開視線，也沒有餘力再出去打「外食」。

或許有人會說，近年社會結構已有巨大轉變，原本以男性為主導的社會階層漸漸被瓦解，女人已經可以不再依附於男人之下生存，經濟獨立自主，這些不再相信婚姻制度，但可享受單身獨居生活自由自在的女性已愈來愈多了；甚至有為數不少的宅男腐女只要網上的虛擬愛情，他們渴望完美的另一半，但在真實社會裡遍尋不可得，不如沉醉在半虛擬狀態中滿足內心的投射，如此一來，不必真槍實彈在情海闖蕩，也不需與人互動，更不必癡迷付出，再也不怕因為真情流露而受傷害。

不要說男人是視覺動物，其實女人也是一樣。星光大道爆紅的楊宗緯，剛開始上節目時也曾經歷過被主持人狂虧的階段，現在人走紅了，外型有專家為他打點，做了最合適的調整，外在的改變讓他的自信心增強了，個人魅力也增加了，被人注意的機會增多了，自然的就會留意自己的表現並不斷的微調自己，因此，經過一段時間的微調，往後上節目怎麼看他也不覺得醜了，可見得女人也離不開視覺牽引，誰不喜歡看帥哥正妹？誰不喜歡舒服的視覺享受？誰不欣賞讓人願意多看兩眼的美麗動物？只是這美麗，能不能禁得起考驗？耐得住多久？才是在視覺驚艷之外，還能留住心嚮往之所該經營的魅力罷！

再說，每個人心中所認同的美麗並沒有一定標準，因此，不要妄自菲薄的認為自己吸引不了男人。外表不夠亮麗出色的女人，只要樸實素顏，維持乾淨、整齊的外表，加上親切笑臉，這股清新的氣質一樣能讓人怦然心動！因為溫柔的好性情最能感動鐵漢，善體人意的好心腸可以鼓勵自信不足的戀家男，言之有物、有豐富內涵的人，一樣可以散發致命吸引力，她們的心中對任何事物不會抱持美醜批判與成見的差別心，自然就會讓人願意接納親近，甚而引為知己，成全美麗愛情，這都是由內在改變外在的美麗質變轉為量變，從不同的地方發揮自己獨特的美質，加以不斷豐潤厚植，這就是微調的驚人微妙之處！

美麗是女人的義務

女人確實比男人幸運得多，我們是大地之母，在世人建構的美麗標準裡，欣賞女人總佔了最大的比重，雖然近幾個世紀以來，女性努力爭取自己的一片天，追求兩性平等，追求各種機會，在職場上不斷地挑戰自己的成就，以求勝過男人；或是不遺餘力改變自己、努力捍衛來爭取一席之地；然而美麗是女人的義務，進而帶動了整個世界對醫學美容的發展趨勢，更希望的是真正為了你自己，透過整形帶來的美麗，讓自己更有自信，也讓自信帶給人生更多的快樂與圓滿。

經營美麗，也應該是女人的重要成就之一，即使新時代的女人不斷突破傳統，力爭創新，但老祖宗所殷殷叮嚀的女人「四德」可不能忘記，在「婦德、婦容、婦言、婦功」裡，婦容佔著排名第二的重要性，儘管家庭、事業兩頭忙，現代婦女也該啟動想要讓自己健康美麗的動力，好好保養自己、打扮自己，讓自己看起來賞心悅目；美容整形診所裡常見到許多人是在失寵、失戀或失去吸引力後，才想到要改變自己，因此，聰明的新女性，千萬不要讓自己淪落到這個地步才想要改變，而是要時時微調，因此，我要提倡：讓微調成為一種健康的自律，是女人不可推卸的義務。

讓自己變美麗就一定要整形嗎？當然不是！我想還有絕大多數的人是崇尚自然的「原裝貨」，崇尚自然的女人，她們的微調工夫可是做得很扎實，讓自己外表看起來不懶散、不邋遢、不過於隨性、常注意保持新鮮感，因此她們每天會做適當的保養與調整，這些調整修飾包括了全方位的妝容、衣著、髮型、配件等等，當然還有最最重要的是調整心情，當臉上釋出善意與笑容，每天從鏡子裡看著裝扮妥當的自己，心裡是愉悅的，進而從自我內心發出更強的Power，想想看，自己如果沒有辦法肯定自己，取悅自己，又如何能讓別人肯定，取悅於別人呢？

不過，要留意的是，當自信超過實力而變成一種自戀也不行，有時候主觀的意識並不代表是ＯＫ的。例如自己覺得裝扮夠好，還得試試別人的反應才行，看看這一身裝扮能夠得到多少人的注意或讚美？如果有親朋好友提出批評指教也要欣然接受，因為在職場上大多數人會隱忍不說，卻在背地裡訕笑，只有真正貼心好友或家人才會給予良心的建議，可別把他們這份好意搞擰了；快點看看不合適的地方在哪裡？早早做調整，美麗再出發！

我覺得每個人都要把自己隨時準備好，而不是等到要出門、離開家前，或是當有什麼事發生或面對時，才慌慌張張地準備，我所說的「隨時準備好」應該從起床的那一刻就開始，這一點都被很多人忽略了。為什麼呢？想想看，你最親愛的人，不管是先生、父母、兄弟姊妹、兒女，他們都是你人生中最重要的人，他們每天都跟你生活在一起，想想看，我們為什麼要每天把最糟糕的那一面拿來面對最重要的人呢？

學會微調術可以在既有的基礎上好好的保養，好好的保持，適當的做運動是身體自覺的微調，找出最大動力期勉自己持之以恆，健身房、游泳、瑜伽、國標舞、球類、毛巾操……甚至於只是走走路都可以，重要的是不要勉強，不要太麻煩，沒有興趣的運動一樣做不長久，美麗之路就走不長遠，一定要找個方便、合理、有興趣、容易達成的運動方法，讓身體隨時保持動能，當然，我要強調的是容許自己的體重有「快樂的彈性」，但絕不能放任三、五年後，當某一天醒來才發覺身材體態已變形時再進場大修，到時想要心想事成可能就不一定能如你願了。唯有身體健康、活力滿滿，才是自己真實的收穫，任誰也拿不走，用任何東西也換不來。

在飲食保養上也要處處做微調，像我個人很重視的就是多喝水，並儘量做到在烹調時少鹽、少油、少糖、少熱量及不放味精的清淡口味，不得已需要外食時，我就會倒一杯茶或開水，先把菜過水再吃，就能減少鹽和油的攝取；萬一在重要的場合這樣做很失禮的話，我也會在下一頓時少吃一點，把油脂、熱量平衡回來，或多做一點運動、喝一點水，把多餘的油分和鹽分排掉；此外，我也奉行絕不喝坊間的含糖飲料，如果真的想喝果汁，就選擇現榨的新鮮水果汁，並儘量不吃含糖分高的水果；每天早上打一杯蔬果汁，連渣渣一起喝掉，有如腸道的清道夫，體內環保做得好，其他健康問題就相對變少了。

微調的美學概念

美學給人很抽象又主觀的感覺，不像是化工、數學等有一個衡量的標準，但是一位美國整形外科醫師發現，許多世俗人眼中漂亮的人，多能印證這套「美的黃金比例」公式。

用放大鏡端詳自己的臉

我覺得，每天多照照鏡子，藉由外表的審視來調整自己，進而得知微調的結果如何，以及哪些部分需要再微調等也很重要。就像許多飯店的浴室裡常有一面放大鏡，好讓人整理儀容的道理一樣。你隨時讓自己面對一面具有放大效果的鏡子，可以仔細端詳臉部的肌膚狀況，並盡可能把它修護好，等到你使用一般鏡子，因為肌膚是在正常縮影下，就會覺得自己愈看愈美麗啦。這是因為一切的好與不好，都在你的規範、控制與期待之內。

同樣的道理，但如果沒把事情想透或放大看清楚時，你會發現當你窺（推）近時，會有很多的意外，「我怎麼會沒有想到」、「我怎麼會漏掉這個」、「時間去哪裡，我怎麼忽然之間變成這樣了」等等，甚至還以為昨天不是這樣的啊？但其實只要仔細想想，這個「昨天」很可能是三年前喔，或是原本你以為自己很拿手的事情，結果竟然超出所控制或想像時，就會錯愕地告訴自己「為何會出這麼多錯？」其實癥結點就是你沒有隨時在微調，當忽然察覺時才發現走偏了。所以，微調的觀念不論是對於外表、內在，或待人處事都是一樣的。

因此，當你面對鏡子時甚至是平時，可以幻想是自己走到哪兒都成為眾人的目光焦點，不論走在路上、進入辦公室和人談話等，你都會受到眾人的矚目。以此為出發點而留意自己，在外貌言行上更應該要多注意並隨時修正自己的言行舉止，隨時進行調整，當你把適當的保養、裝扮與氣質全都微調成生活上自然的慣性，你就會隨時留意到自己還需要加強的地方。這樣一步步慢慢來，追求表裡如一、內外兼美，可就一點也不吃力了。

生活中美的光合作用

光線，在我們生命中扮演不可或缺的重要角色，它不僅是日常生活的照明，還能影響一個人的情緒、空間氣氛的營造，或是植物光合作用時產生氧氣的重要成分，甚至在近代的醫學美容上更大量運用光線的波長，研發出幫助人類喚回青春美麗的療法。

光，可以讓人變亮，變漂亮，變得閃閃動人！光照的顏色和投射的角度，往往會影響視覺，如果居家選用的是白色日光燈，那肯定在日光燈照射下，膚色會一片慘白，甚至微微泛綠，一般人都懂得烈日當空的時候別照相的道理就在這裡。因此，聰明內行的裝潢師不會在天花板上裝設頂頭光，光源也不會用微紫的鹵素燈或死白的日光燈，而是選用自然的黃光，讓膚色自然而有元氣，餐桌上的燈一定要黃色光，菜餚才顯得可口；選擇牆面顏色也要注意反光後所折射出來的效果；面露老態，最好的光源就是從下往上照的柔和黃光，在書桌前不妨把頂頭燈拿掉，裝上側光的黃光檯燈；攝影棚或照相館都喜歡打蘋果光，這也是運用打燈的技巧與光線的折射達到「柔焦」的效果。

日常生活上，該如何運用微調的光合作用呢？我個人的經驗是，通常我會早十分鐘進入餐廳或會場，先觀察待會要坐的位置光源如何，如果有頂頭光的地方我絕對不坐，光線設計不好的餐廳，一定成為下次用餐選擇時的拒絕往來戶；萬一真的處身在光線不夠好的地方，我還會試著偷偷給自己打燈呢，方法很簡單，拿一面小鏡子、會出現光源的手機或是一張大一點的白紙等等，不經意的放在自己的桌前，稍稍給自己補個光就可以了。記得有一回和一票姊妹淘一起用餐，大家嚷嚷著要照相，我隨手就拿了一支手機放在胸前，讓反光把臉上的輪廓照得更有立體感，這項舉動當場被眼尖的楊惠姍立即說破，「哇！黃薇自己打光了哩！」從此之後，所有人聚會只要一提到照相，就會看到朋友們不約而同地打開包包，尋找可以當作補光的東西來放，形成十分有趣的現象。

別忘了文化的認同

想要讓自己變漂亮、變得賞心悅目，臉蛋的五官美不美並不是最重要的，除了表象的美麗，還包括從內在由衷的外放，就是那種「誠於中、形於外」的優雅氣質，這種人不只耐看，也教人動心，在耐人尋味、賞心悅目之餘，還有想進一步認識你的欲望，而不是遠遠的驚艷而已！

當然，不只是這種優雅氣質是無法立即裝出來，必須透過自己從生活中慢慢微調而來，同樣一件事交給笑容自信、活力充沛的人，一定比交給邋遢、懶散、老是擺著一張臭臉的人，要叫人放心得多了；而愈是內在充實豐富的人，愈要在外貌上表現出眾搶得先機，但若是內在貧乏無物，再漂亮的外表也會流於庸俗空洞，三兩下就被人看穿了。

我不否認，過去有不少女人可能為了男人去花錢整形，企圖改變現況挽回什麼或爭取什麼，如今，女人已學會為了自己去整形，做一點小小的改變、小小的微調，甚至也有很多男人去進行微整形，這會讓外貌看起來比現況更好，從外表檢視自己，有助於開啟內在自我的深層對話。這種內省是積極而充滿愉悅的，會讓人在愈來愈多的讚美中找到自信，而當事人也經由外貌的改變成為眾人注意的對象，進而相對自我要求舉止要優雅、態度從容、衣著合宜、言談得體等。我們可看出，外貌上的一個小小改變，所啟動的將是一連串關於美麗的良善循環。最後可能由於內外皆美的改變獲得被重用、被提升，站上了更高的位階，此時為了能時時面對各種情況，而再督促自己更上一層樓，美麗更美麗了。

全球瘋整形的現象已不稀奇，但仍舊有許多地方我不得不提醒一下，那就是要整得「符合國情文化」、整得自然又自在。

由於各地方的文化背景大不同，即使是在美國，東岸與西岸的審美標準就大有差異，更不要說北歐、中歐、南歐，亞洲還分北亞、中亞、西亞、東南亞等，有人認為頸項套愈多金環愈美，有人認為穿巨大鼻環最美，有人刻意把膚色曬成小麥色，中國清朝女性還得咬著牙把一雙腳纏裹成三寸金蓮……等等這些不同的美的定義，林林總總，都是國情文化不同所產生的差異。

我為何要提美感必須適合自己國家的文化呢？這當中牽涉到「認同」的問題。舉例來說，很多人誤把波霸妹當作追求美麗指標，向醫師要求整出大胸脯，這在美國可能被接受，但在台灣恐怕就不是那麼妙了。西方人穿著「袒胸露乳」是稀鬆平常的事，身材高大配上胸前偉大，還算看得過去，但東方女子普遍嬌小玲瓏，如果一味跟著去隆個新加「波」，就十分不合宜，不但不覺得美，反而造成一種身體的沉重負擔。

這就是我一再要強調的「美感」，適合自己臉型比例的才是美，不要一次做太大幅度的更動，期望一次進場大修就能修到一次到位，反而會讓別人完全認不出你來，也不要拿了某個明星藝人的照片指定醫生要做出那種五官，整形絕不能像刻模子一般，指定了要誰的鼻子、誰的下巴、誰的眼睛等等，因為你就是你，要符合自己的原貌比例，相襯相合，整出來的臉才不會覺得詭異。

我認為，微整形最妙的地方，就在這個「微」字。它不僅代表是一種尺度的適切拿捏，也是結合美學、心理學、社會學和面相學的綜合呈現。找出哪一種最適合自己，對自信與外觀的吸引力有絕對加分作用，而不會把自己原本迷人的特色給破壞掉了。例如，有人是難得的丹鳳眼，卻偏偏要整成「很一般」的雙眼皮，以為這樣才是時髦，結果反而因此失去了讓自己更具特色的美感，那都太可惜了；也有人原本鼻頭肉肉的，頗有財庫之相，卻非要整成妮可基嫚的尖尖微翹鼻頭；更有人不管自己的年歲已一大把了，還一再要求醫師非要幫她拉皮拉到像年輕女孩臉蛋的緊實光滑不可。整形科醫師最怕見到的是，有些女人整得漂亮出色後漸漸不安於室，最後鬧得家庭失和、兒女沒人照顧；這在醫學上雖然達到了美學的境界，在社會學上卻成了造孽，這都不是我們所樂見的遺憾。

整形醫師的黃金比例公式

畫出「蒙娜麗莎的微笑」的大畫家達文西，從一四七二年就著手解剖學的研究，他是第一個細剖人體結構的藝術家，運用幾何學把人體的身材與器官比例都作了最適當、精準的數據化，形成日後大家都熟悉的黃金比例，提供人們對美學上的鑑定參考，也形成對美學品味的認知，對醫學美容的判斷。幾個世紀下來，關於美感經驗的黃金比例被不斷開發，運用在建築上、繪畫上、城市規劃上……，黃金比例代表的權威性成為一種標準，一如古文明文化中的維納斯完美於想像中，當然也並非絕對準則，完美，畢竟不是人人可得。

幾年前，我看到一則由 Dr. Stephen R. Marquardt 醫師發表關於美學觀點的文章，由於美學給人抽象又主觀的感覺，不像化工、數學等有衡量的標準，這位醫師發表「美的黃金比例」公式，找來了很多世俗人眼中漂亮的人來印證，當時我覺得很有意思，「終於有公式可以來研究、計算美的比例」，從他的發明也解釋了為什麼我們看到某些事物會覺得順眼，而他不只是以人為研究對象，甚至把樹木、建築物、飛機，或凡是被認為是好的設計品都納入研究範圍，結果發現，只要被認為是美好的全都在「黃金比例」裡面，我就覺得很有意思，繼續追蹤，才知道他是個醫師。

基於好奇這位醫師為何會想研究美的黃金比例，我那時便決定去採訪他。發現他原來是醫院裡負責重建的醫師，專門幫助顏面嚴重受損的人進行重建。在替病人重新建構外貌的同時，他慢慢的發現大家對俊男美女的看法，當他重建人數累積到一定的數量後，他想找出是否有一套特殊的定律，於是著手把俊男美女拿出來研究。當時他還告訴我一個很有意思的發現：美女的臀部曲線與她胸部曲線是一樣的，真的很有趣也不可思議。因此，我很期待他未來發表有關身體的黃金比例所做的研究。

除了發現黃金比例外，他還因此發明了一把尺，可以把人臉部的各種黃金比例找出來，還記得當時，醫師拿出這把黃金比例尺在我的臉上對比一下，他還稱讚我的臉部比例不錯，只有眉毛需要改進，得再畫高一點，我想當時可能因為我的眉毛畫得比較圓，而不是一字眉。

我想，任何人有了黃金比例尺，都可以利用化妝、飾物或改變髮型來微調，為個人的美麗加分。我相信大家可以把化妝當成是畫畫來玩，例如想要眼睛圓一點，長一點，都可以靠裝扮來改變，我想這是一種很容易的方式，所以想與大家分享，從髮型、眼鏡、裝束改變比例。然而其中，我認為裝扮是我們最容易改變的方式，就像去年流行劉海，很多人都跟著趕流行，但不見得每個人都適合，好不好看就在於比例是否對。

用黃金比例調整，八九不離十

認識黃金比例是微調術的重要的開始，在黃金比例中，對美感判斷有所依循，一般而言，全臉應該是左右對稱，上下可分成三個部分，各佔三分之一，額頭到眼睛，眼睛到鼻下，嘴唇到下巴，組合的比例恰當，就會很順眼，如果比例稍有不合，也可以馬上做微調，例如額頭太高的人可以剪一點劉海來遮掩，讓視覺上不那麼明顯；顴骨太突出的可以用較具立體感的化妝效果來淡化，或戴適合的耳環吸引別人轉移視線焦點；下巴太短的就可以墊一點點下巴，四十分立刻就可以變九十分；而鼻翼寬度、兩眼距離、眼到眉骨的寬度也都有黃金比例，鼻尖、嘴唇、下巴也該呈一直線，抓得準黃金比例做參考，就會知道怎麼微整才對自己最好，怎麼利用化妝和髮型、耳環等配飾去改變、去調整，即使沒有必要拿尺去量，也可以在視覺上掌握得八九不離十。

身形的黃金比例也有所謂的七頭身、九頭身，但企圖去改變原有的身高是不可能的，了解身形上的黃金比例就可以用服飾來微調，下身短的不要穿太長的衣服顯得更短，小腿粗的可以穿高跟鞋來拉長修長感；胖瘦不合比例也能用穿衣術的顏色深淺、剪裁合度、上下搭配或多層次穿法來營造比例上的吻合，還有適當的配件也是很好的改變聚焦的微調，首飾、短外套、腰帶、臂鍊、腳鍊、臂環，以及鞋、襪等都是最適合拿來調整的運用，最怕的是對黃金比例沒有概念，盲目追求流行，不但自暴其短還讓人覺得沒品味。

現代女人很重視的胸形也有黃金比例，兩乳之間的距離，在胸前上下的位置，乳暈的左右位置，以及罩杯的大小，和全身的肩、腰、臀比例相較都有最適合的比例，小個兒頂個大胸脯會讓人覺得老是往前傾，令人為她會不會因胸部太重而跌倒捏一把冷汗；太平公主現在有許多矽膠墊、水餃墊等法寶，可以大加利用在穿衣上把握形狀大小，或是做適當的隆乳手術；而長期穿著內衣不當形成的副乳也會使前胸的比例走樣，雙峰提得太高或太下垂，同樣都會失去了視覺上的美感，這些都得靠微調才能漸漸調整過來。

PART 2

要微量、微心、微整

微調的身心態度

在微調上，可以分為狀態、心態與神態的調整。
這是一種讓人不容易察覺，卻又不失本色的改變，每次只做一點點的改變，就會讓人在看你一眼時，無法具體說出你到底改變了什麼或做了什麼，卻又真真實實地感到你變美麗了。

微調的必要法則只有三個

我覺得真正的美麗是「由內而外，由外而內」一點一滴微妙改變，它的精妙處就在於必須懂得掌握「微」字，因此，就需從微量、微心與微整著手。

什麼是微量？這是一種讓人不容易察覺，卻又不失本色的改變，每次只做一點點的改變，就會讓人在看你一眼時，無法具體說出你到底改變了什麼或做了什麼，卻又真真實實地感到你變美麗了、變漂亮了；而微量則是以不影響自己的日常作息，同時不影響別人對你自己的認知觀瞻。例如，已出現白髮的中年婦女，大多喜歡在頭髮上做一點挑染來遮掩，只要挑幾撮染成棕紅或褐色，就會讓人覺得她變得具有時尚感，人也俏麗了許多，以及更有精神，這樣的改變也巧妙隱藏了原有的絲絲飛霜；但是相較之下，如果一口氣整頭全染成金黃色、粉紅色或是紫金色，那可就嚇死人了，不但不美，而且極傷髮質，而一旦看膩了，反而要花更多的時間去「整」回來，這就是微量和大量的明顯差別。

同樣的，如果覺得眼不夠大、鼻不夠挺、嘴不夠豐、下巴又太短，只要每次做一點點的改變，例如先去割個雙眼皮，來個畫龍點睛的效果，別人就會覺得你變美了，等過上一陣子再去墊個鼻子，讓人覺得五官立體起來；一年後趁年假時期去拉下巴或放鬆抬頭紋等，那種美麗是會讓人驚呼連連，好長一段時間都覺得你一年比一年來得年輕貌美；但是如果你心急，一下子就去做完了眼、鼻、唇、頰、下巴，不消多說，除了需要很長的恢復期，等到銷假上班後，極可能全公司的同事都不認識你，只覺得好怪，好怪，怎來個不認識的人呢？並不會覺得這樣的改變是好美，好美。再說現在職場競爭愈來愈大，如果太久沒上班，說不定連本來的位子都沒有了呢！

至於微心，更是一種打從內心深處的心理建設，一個人的五官美不美是父母親給的，天生就有屬於自己的獨特味道。例如，丹鳳眼的眼睛不大，但硬是比人多了一股東方古典的風情；有著像國際巨星安吉莉娜裘莉的厚嘴唇則充滿了性感魅惑的味道。因此，千萬不要盲目地跟從流行指數而小看了自己五官特色，如果一心想要和某某明星的眼睛一樣，和某某名媛的鼻子相當，希望有某某名模的腿長標準，某某辣妹的身材比例……，我認為這些都是心理的偏差。

一個聰明女人只會以微調的方式，讓自己經常處在有自信的狀態下，以真誠的關懷取得信任，以腳踏實地的能力取得上司與眾人的賞識，引導別人注意自己的長項，而忽視掉外貌上的缺點，讓人覺得和她相處是愉悅舒坦，沒有艷光逼人的壓力，反而更容易交到知心朋友，更容易因認真努力而得到好機會；不是有句話說：認真的女人最美麗嗎？

所以，在微調上，我又將它區分為三種：狀態、心態與神態的調整。狀態的微調，只要經常把自己微調到隨時都上得了檯面的狀態即可。也就是時時注意個人清潔與保養，臉上總是清秀淨白，同時注意絕不暴飲暴食，身形總是維持在苗條、婀娜多姿，與人交談時注意輕聲細語並保持時時微笑，儀態總是大方得體等；這些狀態的微調根本不需要大動作的動手術，或是花大錢去學美容、美姿或美儀訓練，只要平常多注意自己的言行舉止，將它們慢慢累積成一種生活習慣，以及常常照鏡子端詳自己，對自己多說些鼓勵話，對著鏡子練習微笑，看到或覺得哪兒不合宜就隨時調整一下，如此一來，一點也不費勁兒。

心態的微調也一樣，在心理上不要老覺得自己這裡不好、那裡不對，嫌棄別人、看輕自己，時間久了，自己的嘴角就會變得失去柔和溫暖的向上彎弧的微笑線條，有些人甚至因為不滿意自己而乾脆放棄、放任或放縱。如果放縱到邋遢，根本無法立即救回來的地步時，更是極為不明智，因此，需要隨時提醒自己要保持在最佳狀態，才是正確心態，千萬別等到有重要約會出現了，或是要上鏡頭了、好不容易有機會表現時，才慌慌張張的想要整理與化妝，但也無法有多少改變，然後開始後悔幹嘛吃得太肥而穿不下好看衣服，往往更得不到滿意的效果。

你一定很羨慕名媛閨秀們能在鎂光燈環伺的環境下，以及被高度檢驗、被品評的狀況下，她們還能神態自若、落落大方的應對，這就是微調的神態的養成。因為神態自若比心態正向還要難訓練，這種自發性的氣質必須經由內在的和平、愉悅、坦然、包容、自信等特質油然而生，從知不足而一點一滴的去學習、去累積、去檢測自己，才能煥發出微調的神態。

微整形或微調非一次到位

愛美是人的天性，因此如何追求美麗，讓人看得舒服，與令人賞心悅目，相信是每個人都會有所期待的天性，無論男女，也不分老少。然而，美麗是急不得的，有人希望擦了美白產品馬上就看到白皙的效果，卻不知汞鉛的美白成分會造成肌膚嚴重損害；有人希望能夠馬上變得苗條輕盈，把自己「餓」整下來的結果是得了厭食症而差點送命；有人希望在臉上完全看不到歲月痕跡，拉皮拉到表情僵硬，失去了原本的親和力。我們的老祖宗說得好：欲速則不達。心太急，往往會讓人失去正確判斷力，如果輕易相信廣告或傳言，很容易讓人失去了準頭，違反人體正常運作，在追求美麗的過程中「花大錢、受活罪」，反而得不償失。

為何我說追求美麗是急不得？因為人的皮膚細胞組織有一定的結構，皮膚細胞大約二十八天代謝一次，當老舊的廢角質無法順利代謝，當它們堆積並堵塞毛孔時就會影響新的細胞再生，同時真皮層的膠原蛋白、彈力纖維、玻尿酸或養分不足時，也會影響了表皮層的膚質呈現。因此，不論保養或修護，一定要給肌膚週期反應，不可能擦了什麼強效保養品、吃了什麼補品，或做了什麼調整手術，效果就一蹴可幾，一定要讓肌膚有一段時間調整，當肌膚接受了外來的改變因子，才能深入吸收作用，讓皮膚組織回復到一個良好的狀態，並慢慢形成常態；因而保養品會有讓肌膚好好調整的空間，給肌膚一定的修復與補充養分，所以，保養品不太可能一擦了就瞬間變美，保養品快速回春的說法，那都是廣告常用的形容詞，我們可以期待，但不必當真，心中要有不違背自然運作的認知，愛美千萬急不得！

如果外觀希望能在短時間內就能達到效果持久的變美成果，相信有不少人會選擇美容整形手術。過去這屬於特定的人士或有錢有閒的貴婦才做得起的美麗工程，因著時代、觀念與需求不同，現在也有愈來愈多人接受而興盛起來，微整形風行以來，使得整形手術不但變得簡單而「平民化」，在韓國更是一種「全民運動」，甚至有父母親從孩子一出生就為他們開始準備「整形基金」！就連在台灣，微整形的認知度與接受度愈來愈高，同時調查發現，到診所進行微整形的年齡層也有逐年下降的趨勢，沒有賺錢能力的高中生割雙眼皮、要求美白、瘦身的求診比例，增高到全部求診者的一成五到二成，這是很驚人的現象，而大多數父母也願意掏錢出來讓女兒更滿意、更有自信，甚至於還有母女檔一起整形，還有不少是先生原本只想陪太太去美容SPA，結果自己也一起躺下做臉部保養，微整形就是如此讓人動心！

想要變美麗是一件急不得的大工程，即便是想要用整形讓自己在短時間內變漂亮，更需要懂得「微調」的技巧。聰明的消費者愈來愈接受微整形的觀念，因為整形手術動刀的幅度愈大，不僅需要冒的風險愈多，就連術後的修護期也愈長，連拆線都要等很久；然而一次只做一點點微調，修復期變短後便能看到手術後改變的成效，較能滿足心急的愛美者，當然經濟負擔相較也變得輕鬆，重要的是，這時候的醫病雙方都要有耐心，事前愈多溝通，說得愈詳盡，了解得愈透徹，愈能增加手術的成功率，同時在術後也要依規定持續回診，並遵照醫師指示作正確的術後保養，有耐性的等待肌膚的正常代謝與修護變化。我要提醒的是，既然已做調整改變美麗的DNA，並達到所期望的美麗後，不僅要持之以恆的維持住，對於日常所必須做的微調保養也不能忽略，這樣才不會前功盡棄。

我還是要強調，不管是微調或是微整形，掌握「微」字的精妙，才是最重要的一件事。心急的人難免會希望整形時能夠一次就到位，把所有不滿意的地方「一次整夠夠」。但事實上，一次到位的整形幾乎不可能做到「寓變美於無形」的好效果，這是因為肌膚有太多的不確定性，你想要的期望不一定做得到，得一次又一次的檢測，一點又一點的以微量做調整改變，才會有最自然、最安全的容貌呈現。

此外，想要整形的人，在進行微調前最好的方法就是找到一位有良心的好醫師，除了專業外，必須與他先建立信任感，讓他在仔細評估個人膚質承受度，與徹底了解求診者希望在多久的時間內達到最大的目的後，再按照進度給予小劑量的微調修整，再從一次次的成效評估中調整方向，讓求診者更有保障，更安全安心。

自從我與整形外科醫師朋友討論過這個觀念後，他也接受我的微調美學概念，回到診所為他的客戶服務。結果他有驚人的發現。他告訴我，以前幫客戶拉皮後，客戶非常滿意自然漂亮的手術效果，回家後也得到大家的稱讚，但每個人都知道她去動了拉皮手術；但現在改以微調美學後，客人拉皮後遇見朋友時，得到的反應則是「哇，你變年輕了！」卻根本不知道也沒有想到她去動了拉皮手術。

我想，這不僅是拉皮技術的提升，同時意味著拉皮觀念如果能配合美學的概念，將會有更多人受惠——我相信還是有很多人怕被人看出自己整過形，因此也一定會造福更多人。傳統與創意間的差異，就在於把整形變成過去式，微調式的微整形變成未來式。我覺得以新觀念與醫術結合，將可達到未來美化自己的新標竿。

優雅變老，舒服也是一種美

有一個流行的新說法：「五十歲的半老徐娘應該有New40，而四十一枝花的熟齡女子也該有New30。」意思就是每個有新觀念、新作為的時尚女子，都該保有「看起來」的年齡比實際身分證年齡少十歲的青春活力，十歲幾乎就差了一個世代，過去三〇年代的女子，才四十歲就梳個包包頭，穿著寬鬆又沒有曲線的「阿媽裝」，老氣得不得了；現在，即便已年過半百的女性還打扮得花枝招展，穿牛仔褲、緊身T恤、小背心，四處旅遊趴趴走的大有人在。

我要說的是，人可以不服老，但不能不知老。外表看起來年輕非常好，卻不宜裝扮得過火而流於作怪，如果都已是婆婆媽媽的人，還跟著年輕辣妹腳步露背、露臍或是露乳溝的話，不僅沒有美感可言，還會讓人對她退避三舍；甚至年紀一大把了，還硬要把臉上皮膚拉到光滑如少女，卻露出目前醫學還無法有效改變的「火雞脖子」鬆弛頸項和滿布細紋與老人斑點的雙手，就會讓人覺得很不搭。中國人講求凡事適可而止，這句話說得很好，如果老覺得自己美得不夠，需要一再動手術來改善，這時候問題可能已不再只是外觀，可能與心理有關，這是一種沒有自信的心理象徵，到了一定年紀時，外觀上有了適度的保養之後，就別再把注意力放在臉上、身上打轉，而是應把心思放在如何多「愛」自己的心態上，而不是外貌上，相信會贏得更多讚美的眼光。

真正的美是由內而外的美麗，有一個心靈寄託，此時你可以選擇優雅的慢慢變老，舒舒服服的享受歲月在身上所留下的智慧與氣質，心慈念善也是一種美，大家都知道著名的好萊塢影星奧黛麗赫本，她在聲名如日中天時就懂得自律自處，一生都保持著優雅的氣質、高貴的品味，即使到了晚年，她的皺紋明顯、肌膚鬆弛，但是大家記得的卻是她懷抱著非洲兒童的天使般笑容，只記得她的純潔真摯，不會喟嘆她青春遠颺的雞皮鶴髮，也絲毫不覺她臉上滿布年輪痕跡是不美的，因此，一顆善良美麗的心，才是我們該追求的微心與微調。

不要抗老化而是要預防

「薇姐，你的精神為何總是這麼好？」其實有一段時間我是精疲力乏的，當時的我，總以為我有用不完的精力，卻忽略了人是有極限的，近幾年來，我開始注意身體的各種微調，而且已微調到相當敏感，這就是為何我現在做的事比以前多很多，但人卻不覺得累的原因。舉個例子，當皮膚出現小斑點時就馬上進行微調，而不是等到黑斑爬滿整臉時才要除斑。人，千萬不要把自己推到危害已到達極限時才要解決，所以微調術是事先預防，而不是等到已形成問題再來微調。因此目前大家一直說要「抗老」，這個觀念不對，我們不是要抗老，而是要預防老化。對我而言，「老」並非不好，它所代表的意義是歷經一段時間，且是親身經驗過的，也就是所謂的經驗老到，老，所象徵的是一種智慧與歷練。這也是人們常說的實齡與心智年齡。

不知為何，這幾年非常盛行抗老化這個名詞，我們為何要抗老化？我一聽到這個名詞就覺得不對勁，傳統的觀念總是「凡事等到出了問題時，才想辦法來補救」，其實如果在做的過程中，發現有問題就該立即修正改過，也就是我常說的，小問題不處理，等到大問題時再傷腦筋，可就得花數倍的努力才能修補的道理所在，因為每次面對它就馬上修正，一直進行微調，它也就不再成為問題了。

到了二十一世紀的今日，大家應該在觀念上先釐清楚。老化的心態上是離開、退縮、不肯面對、無趣、怕挑戰、怕改變、沒精力；而年輕的心態是走入人群、參與、建設性、啟發性、創造的，願意接近人群與生活的。想想看，不是有八、九十歲的人還活蹦亂跳，生活得很愜意，但有些人明明只有三、四十歲，卻已老態龍鍾了。所以，人才有實齡與心齡的差別，心態上要時時微調到一顆年輕有活力的心。

別被廣告催眠了

美容整形風從歐、美盛行，傳到日、韓、東南亞和台灣，連中國大陸也急起直追；近年來，韓國已有凌駕歐、美，儼然成為整形王國的氣勢，擁有整形城、整形街、整形學門和專業學校；泰國的整形診所也到處可見，尤其是雌雄莫辨的變性手術更是獨步全球，整形從過去的大動作、大開銷、大變化、大風險，慢慢進步到這幾年所風靡的微整形，改變幅度小、術後恢復快、冒的風險低、價格較便宜，不再是明星藝人的專利，而變成學生族、菜籃族都可以試試的美容顯學，蔚為潮流，銳不可當。

台灣一向有一窩蜂的現象，從過去的葡式蛋塔、甜甜圈效應，就可知道只要有錢賺就會冒出亂象，而看好這股愛美的風氣，就連小兒科、牙科、皮膚科、婦產科、外科等醫師都跳出來做醫學美容整形，不過我發現，儘管政府在法律上明訂領有牌照的專科醫師與合法的診所都不能打廣告，但是一些沒有牌照的、違法經營的地下密醫反而可以很大方的在新聞媒體頻頻曝光，大吹大擂，像這樣資訊被大量傳播下，讓想要整形的消費者所聽到的都是似是而非的整形觀念，資訊管道如果不足，難免就會輕信流言，因而淪為密醫的白老鼠，不僅在價格上予取予求，在手術上聽任擺布，還有層出不窮的醫療糾紛，各說各話，沒完沒了；不實廣告的危害何其恐怖，許多誤信廣告的人往往為美麗而葬送一生，輕則表情僵硬不自然，重則後遺症危害下半生，多麼的不划算。

由於廣告陷阱何其多，想要找一位優秀的整形醫師，聰明消費者一定要睜大眼睛，畢竟這是和自己的「切膚之痛」有深切關係，可不能莽撞行事才好。例如，進入診所時最好先看看執業醫師是否領有專科執照，例如小兒科專科醫師卻來做醫學美容，那趕快換一家吧；進到診所後，是否有人向你獅子大開口，遊說你要你做這、做那？醫師看診是否詳盡並做合理合適評估？是否誠實告知手術可能風險？收費是否合理？「售後服務」負責嗎？整間診所有沒有做好衛生無菌消毒？有沒有應該要有的手術室、恢復室、陪伴房等貼心設備？有沒有相關醫療團隊作輔助與支援？還是校長兼校工，從掛號、看診、麻醉、上刀、包藥、復健全都一人包辦？只要多留心細節，並多和其他病患做詢問討論，就會發現該醫師的信譽是否可靠、醫德醫術是否能夠放心託付。

變臉，也要做自己

化妝品或服飾精品業者每一年都會事先透過報章雜誌發表該公司今年的主要流行趨勢，並且透過攝影鏡頭找來最適合商品特色的代言者，展現這一季最新的時尚風貌。因此，透過報導我們就可以清楚現在正流行哪一種美女，而她們被找來當代言人，正是因為她們有獨特性，其實，除了時尚圈的大流行風，我認為，每個人應從自己的比例去創造屬於自己的流行。千萬不要跟著現在流行某明星臉，就去整形，我想沒人希望被說成：「你愈整愈像誰」，如果聽到這句話時，就得警惕了。你可以追求流行，但不能當成那個明星。

我的看法是「變臉，也要做自己！」自己的外貌有與生俱來的獨特味道，大可在自己的個性中找到合適自己的裝扮與造型，而不必拿名模名媛的風格硬套在自己身上，學習她們的化妝法、穿衣術，甚至要長得和她們一模一樣；在整形診所中最常見的例子就是求診者抱著雜誌前來，指定要整得像某位明星，除了讓醫師哭笑不得的為難作法外，即使做出來了，也只會讓人覺得是「仿冒」，而不會覺得驚艷！

在自己原有的基礎上稍做微調，讓人看不出來，對著你端詳半天，只能說：「咦，你怎麼愈變愈漂亮了？」而不是一見你就一眼看穿你去整過形，並且高喊：「啊！你整得好像某某某喔！」被看出像誰，就手術而言的確是成功了，但對實質的你卻是失敗的，因為長得像別人，你已輸掉了自己！因為大家並不見得欣賞你的改變，況且兩人的氣質、丰采還是差得很多，徒具表象的神似，意義並不大。

我倒認為，如果覺得一直對做自己沒信心，倒是可以找一位心目中的偶像，把她的優點當作學習的目標，而作自我要求的微調術，從穿著、微笑，到該怎麼說話與舉手投足，這種模仿會是一種有益處的吸收，你欣賞的人愈多，學習、改進的空間愈大，最後，累積多了，就會有自己的想法和評斷法，那時就是個有美感的女人，可以有自信的「裝」扮自己，而不必依附在羨慕別人的崇拜心理下，盲目跟隨了。

微調的實踐

只要每天做好臉部微調就可以練得很熟練，就算是多道手續，也可以在短短十分鐘輕鬆搞定。別再以很忙、好懶、怕麻煩為由而不做，其實這些都是藉口，保養，是每個女人都該做的微調基本功。

擦保養品也是一種微調

根據美容醫學研究，一個人過了二十五歲的巔峰期，身體所有的機制就開始走下坡，上個世紀還在叮嚀女人要從二十五歲起開始做抗老化保養，這幾年已經有人更正，高喊要從十八歲就開始做抗老化保養；歐美國家幾個大陸型氣候特別乾燥的地區，甚至提倡從十四、十五歲就開始保養；起初在大家都還年輕的時候可能沒有什麼感覺，等到年過半百之後就會明顯看出差別來，從年輕就懂得保養的人看起來硬是比同齡女人年輕十來歲，也比實際年齡看起來小很多，這樣的結果總是讓人驚嘆不已，這也是近年一些抗老化的醫師會一再強調，愈早保養，就能延緩老化的道理所在。

其實，我個人的保養是非常早的，幾乎是從小時候有記憶開始，因為媽媽從我嬰兒時期每天在幫我洗完澡之後就為我全身抹乳液開始保養，讓我在洗完澡後，當每個毛孔張開的時候最能充分的吸收保養品，一直到現在，我都保持著這個好習慣。現在，我每天用微溫的水洗完臉後，當臉上、手上還有水分的時候就擦上保養品，別看我現在的膚質看起來是如此清透，好像沒有擦什麼，其實這上面至少擦了十種以上的保養品，除了最基本的拍拍化妝水與乳液，還有在冷氣房必須加強的保濕露、頂級的純玫瑰精油、給肌膚營養的精華露和精華霜，應付紫外線的隔離霜或防曬乳、為肌膚矯正膚色的潤色霜、讓眼周光滑平整、眼神炯炯有神的眼霜等等，才覺得有如一張保護膜一般，把臉好好的保護住；如果必須化妝時，再加上粉底、遮瑕膏、蜜粉、腮紅、眼影等；別以為這樣做起來會花很多時間，其實只要每天做好臉部微調就可以練得很熟練，這麼多道手續我幾乎是十分鐘就可以輕鬆搞定，因此，可別再以很忙、好懶、怕麻煩為由而不做，其實這些都是藉口，保養真的是每個女人都該做的微調基本功。

這股保養風氣，就連男士朋友也開始注重了。在美妝藥妝店裡的男性保養品牌雖然不多，卻個個熱賣得嘎嘎叫，可見得愛美絕對不是女人的專利。保養有多重要呢？我是一個很有研究精神的人，我曾經試著強迫自己一個月不保養、不化妝，也不注意體重控制，結果我付出很慘的代價，因為這一個月所累積下來的破壞力，可說是「糟糕透頂」還無法形容，我的肌膚不但油水不平衡、乾燥不堪，甚至臉上還冒出細紋，已到了連擦保養品都無法吸收，即使用三個月勤加修護呵護，還很難回復到之前的情況，只得花更多的心血加倍再加倍的力氣才能喚回；所以囉，我們千萬不要等到看不下去了才想要整修自己，也不能等到機會來敲門了，才急著想改造自己，這樣一定會因來不及而錯失良機，而是應把握平時只要微調幾分鐘就能做好的事，千萬不要讓它變成巨大的修補工程，可就不划算囉！

我再舉一個「破壞容易，建設難」的例子。我平時已很注重防曬保養的工作，有一次我必須到長城完成拍攝工作，而且是在烈日下酷曬十幾個鐘頭，當天我已有預感將會付出慘痛的代價，即使早上化妝前我的美白防曬品，擦得可說像是一堵水泥牆般地厚，儘管在等待時打傘等各種防護工作也做了，但我知道這絕對沒用，果真回家後發現我臉上的斑變深，用盡各種美白的保養品，大量保濕、精油，甚至於美白導入等，幾個月下來，我的斑已淡了不少，加上大量服用維他命C，此時我利用各種方式進行微調，也做了柔膚雷射，費了好大的勁，好不容易才讓我恢復原貌。

面對市面上琳琅滿目的保養品該怎麼選擇？我認為保養品最重要的就是適合自己，因此並不是價格貴的就一定好，坊間有設櫃的品牌幾乎都有專業的美容師，不妨請教她們幫你的肌膚做一番詳細諮詢，或讓各專櫃的美容師為你做全套保養服務，以便找出最適合自己的保養，一直試到自己滿意為止，甚至多玩幾次也行，千萬不要道聽塗說，也不要輕信廣告，更不要看到美美的代言人就以為自己會變得和她一樣美，只有找出適合自己的習慣，容易讓自己接受的產品與方式，進而成為日常保養的微調術，才是最重要的。例如，敷面膜幾乎成為女性的全民運動，對很多人而言，敷面膜很方便，效果又好，但對我而言，總是無法做到，一個月能做一次就要偷笑了，所以我得使用別的方式來保養。

伸展台上模特兒的美麗競爭

以我曾舉辦過三次的名模大賽的經驗來看，可別以為每個來參賽的女孩個個都很會走台步，神態、體態與心態等等都是最佳的情況。我親眼見證她們是如何從羞澀到從容不迫上台，面對各種挑戰的。由於模特兒的要求本來就比正常人要求更嚴格，許多原來就已很瘦的女孩，為了要上鏡頭好看，所以她們也需要進行各種微調，有的人需要鍛鍊肌肉、鍛鍊臀部線條，有的人肌膚狀態需要再加強等，由於模特兒這行業競爭很激烈，而這些外在條件更是很殘酷的事實，因此，在這麼多報名人中，的確在有些人身上的條件是很明顯看得到。

以第三屆比賽為例，在我印象中，有位十七、八歲，身高一八〇公分的女孩，如果按照體重來看，她在第一關就可能被刷下來，但肥胖是可以靠飲食與運動來控制，所以我力保她，而在這選拔過程中，這女孩本身也很努力配合減重，體重果真瘦了至少七、八公斤，只不過依國際模特兒標準來看，她距離理想身形有段差距，我想若是想在這幾週內符合這個標準，除非惡性減肥才可能達到，但這是不健康的行為也不被鼓勵，因此在最後晉級前六名時不得不把她刷下來。但我給她一些建議，如果她對模特兒這一行真的充滿熱情，以她年輕又有高挑的模特兒本錢，只要繼續努力，假以時日定能在這一舞台上發光發熱。

另外，還有一位讓我印象深刻的女孩，她獲得第三名。這是她第二次參加模特兒大賽，我從她身上看到「我就是要做模特兒」這樣的特質，也因此她比別人表現得更熱情與認真。她在國外念書時就一直朝這方面努力，在校園內是啦啦隊成員，因此體態維持得很好，唯一比別人吃虧是她的個子只有一七四公分，相對一八〇公分，就明顯矮了一截；此外，她的膚色也比一般模特兒黝黑，可說是具有現代健康型的美。因此，從她入圍後就已打破大家對模特兒慣有的認知。此外，她還有一個值得大家學習的地方，就是她的基本態度非常好，並不因為本身體態好而自負或不認真，而她的態度也影響到其他參賽的人。

我舉這兩個例子是要說明，每一次模特兒的選拔賽，都可以看到每個女孩細微的改變，從不會

手術的最低消費？

當我們決定要整形，在找到有醫德又技術好的醫師群後，我們不能一味地追求「最低」消費，此時你所該考慮的不僅只是金錢而已，它應該連時間與對身體的傷害都要統統計算在裡面。你有多少經費、預算，都要仔細算一下，在諮詢時可別被「單次金額」的數字給騙了，一定要留意一個完整療程的價格，別被第一次的低價引誘你上門，但後續的療程可能就大大提高了，此時你可能就得乖乖掏出錢來，不然「頭都洗一半了，要怎樣善後？」所以，對價格你一定要充分了解。

走台步到上台前可以落落大方表現自己，並透過大家長期的相處，彼此微調，而且不論個人條件或外貌如何，從外表到個性都能看見微調後的成果。就如上述的那位身高一八〇的女孩，從主辦單位為每位參賽者架構的部落格裡可發現，這位女孩飽受各方凌厲無比的攻擊，先不論攻擊是否正確，但在她身上，我看到的是她很勇敢的面對一切，這對任何人而言是很不容易做到的。

PART 3

適合自己的微整形

微整形前必須知道的幾件事

微整形需要有良好的技術、美學觀念及使用劑量上的判斷力，而不在於所使用的工具上，它應該是透過不同時間、施打方式而形成，而且馬上就可分出微整形藝術的境界。

微整形非小針美容

人體本身就像是件偉大藝術，每個人都想把有缺陷的地方做到完美，因此我才會提出，現代人都需要微調，而且要建立時時微調的觀念。在外觀上的微調小至一點點化妝技巧，大到讓人煥然一新的手術，有時只要一點點，就能帶來好心情，差一點真的就差很多。

然而，改變外型的方式有很多種，你可以先從擦保養品開始，或到皮膚科尋求醫師診斷，甚至，你還可以透過美容整形，這都是一種選擇的方式。

微整形這個名詞，目前在市面上已被廣泛的運用，但是我發現，一般人談到微整形，很多人的觀念都還停留在小針美容，以為只要是不用開刀、打針的形式，而且是利用午餐就可以完成的美容療程，例如玻尿酸、肉毒桿菌素等。但我要提出一個新觀念：「微整形」是要讓人看不出來，不知道你到底做了什麼，但就是明顯地察覺到你變漂亮了。因為被人看出來，代表它的破壞性大，所冒的險也比較大，所以我贊成採用比較安全的方式，就像以前流行的換膚，我就不敢嘗試，深怕一個不小心抓傷了或是敏感了會留下疤痕等。那些讓人一眼就看出動過刀、做了什麼的整形方式已是過去式。微調術不但是一種技術上來自專業，它還是來自新觀念的形成，所以當這個新觀念形成後，微整形才能達到醫學上真正的意義，而不是停留在任何人口中都能講的微整形。

以融合光影等美學為基礎的「微整形」將成為現在式，甚至是未來式。如果還不清楚我指的美學概念是什麼，我們不妨以近幾年來韓國整形為例，我們可以看到很多明星都是經過整形，但是她們個個都長得很像，似曾相識，這就是屬於整形失敗，因為即使要整形，也要是同中求「異」，找出符合個人條件才是符合潮流。

而且，微整形需要有良好的技術、美學觀念及使用劑量上的判斷力，而不在於所使用的工具上，如果不會善用它們就反而變成「危」整了。它應該是透過不同時間、施打方式而形成，而且馬上就可分出微整形藝術的境界。以肉毒桿菌素為例，早期很多藝人打到笑不出來，臉部看起來好僵硬，這就失去肉毒桿菌素原來可以鬆弛肌肉神經而不用動刀的意義。雖然肉毒桿菌素與玻尿酸一樣會被人體吸收，但也要經過好幾個月的時間，也就是說，當人們使用不當時，它所造成的硬塊要好幾個月才能消失，甚至玻尿酸的危害可能在好幾年後才出現，到那時，微整就真的變成「危」整了。

在決定微整形手術之前，如果你已建立了前面

諮詢醫師群

林志雄醫師——台大醫學系畢業，曾任國泰醫院美容中心主治醫師，市立基隆醫院主任、生生整形診所院長；現任微整形外科診所院長。

蕭其昌醫師——醫師國防醫學院醫學系畢業，曾任台北榮民總醫院整形外科總醫師，現任羅東博愛醫院醫學美容中心主任。

李宛樺醫師——國立陽明大學醫學系畢業，曾任桃園榮民總醫院皮膚科暨醫美中心主任、台北榮總兼任主治醫師，現任台北佳醫美人診所皮膚科暨醫美中心主任，以及台中佳醫美人診所副院長。

黃綺烽醫師——中國醫藥大學醫學院畢業，曾任林口長庚醫院整形外科主治醫師。目前為達人診所台北分院專任醫師。

幾章所提到的各種觀念，並且有一定的了解——相信人人都有美麗的POWER，可以找到適合自己的美麗方式，以及透過自身的努力來改造美麗，最後你還是決定要以手術的方式來微調，以現在的手術技術，也沒有什麼是不可以的！但我還是要提醒大家，即使做完了微調術，平時該擦的保養品可是一樣也不能少，才能維持住美好，延緩老化的到來。

找名醫不如找到好醫師

很多人會說「聽說某位醫師很有名，我要去看他。」這句話的背後，其實已在當事人的心理上產生了一種效應：以為只要看了名醫，我就可以變得更好！只因為他是名醫，但我要提醒你的是，假如這位名醫花在你身上的時間不夠、無法為你量身打造時，情願捨棄名醫，而去找個肯花時間在你身上的好醫師。我並不是說名醫不好，而是每個人都要有基本的判斷，當一個醫師不肯花時間在你身上時，也代表你可能與他的緣分不夠，還是去找一個與你有緣的好醫師吧，尤其是在追求外表的維護上，一定要打破愛美虛榮心的觀念，記住維護一個健康愉悅的外表，你就可以維護一個健康愉悅的心情，那美麗就會自然產生。

目前美容整形的醫師很多，大概可分為三種：先做廣告再建立口碑，也有的是從不做廣告，只有靠客戶間彼此口耳相傳就生意興隆，而且是已有一定的歷史了；另外一種是靠廣告曝光，卻從不接受媒體訪問的整形診所醫師。如果是第三類型的話，可就得多注意了。幸好現在拜網路科技的發達，建議你在找整形醫師與診所時，不妨先透過網路找資料，原則是只要不出錯，沒有或很少醫療糾紛的，就可列入考量。一來可先了解目前不論是產品或是美容項目、整形類別，你可以有哪些選擇，作為與醫師諮詢的依據，利用搜尋得到合乎心中好醫師的資料後，可先選擇五家，然後一一拜訪，我建議，每一家多去幾趟，好了解醫師是否與你有緣，是否值得你的信賴。

當你走進診間面對醫師時，不妨多與醫師聊聊，即使是五分鐘的諮詢就足夠幫助你了解他是怎樣的人，你可以觀察他五個重點：一、他對病人是否有足夠的耐心及專注力；二、他的談吐、氣息是否是你喜歡的類型；三、好醫師會先聽你的問題，替你分析，而不是還沒聽完就馬上決定要你做的項目；四、記得諮詢各項目的費用，因為價錢是可以經由比較得出來的，尤其是當上下差距不大時，可以成為你的判斷依據；五、觀察在診所裡的護理人員、進出病人及環境衛生，也就能看出這位醫師對事情的要求是否夠細緻，較能完成你對美的期待與要求。

其實，人與人之間的緣分是很奇妙的，透過你與醫師的互動就可了解這醫師是否了解你的需求，以及你是否對他有足夠的信任感等，這是很快可以知道的，就像當初我要生產時，曾拜訪過好幾位醫師，一開始我也是從名醫下手，但當我進入名醫的診間，發覺對方根本無法注意聽我在說什麼，接連幾個也是差不多，從此對於名醫，即使再有名的醫師我也不要，因為對他而言，我只是他的一個病例，萬一真的出事時，我不覺得他會花太多時間來幫我解決問題，最差的情況可能甚至於不知道我是誰呢！像這種醫師我就無法產生信任感。所以我轉而找到一個良醫，他肯聽我問的問題。相對於醫學美容醫師，我想每位醫師一定會碰上客戶詢問相同的問題，如果是一位好醫師就會一一回答你所提到這些對他而言是千篇一律的「笨」問題。

經過評估判斷找到好醫師之後，你千萬不能操之過急，就要他馬上幫你動刀。我建議你最好是花一個月時間不定期去找他三、五次，先與醫師培養默契與互信的感情，醫師可能先從不動刀的微整開始，先了解你的肌膚的恢復性後，再來針對你想改變的做進一步美容。這也就是將家庭醫師的概念複製於皮膚科醫師身上了。有一句整形心法我想告訴大家：如果在這過程中，有一點點懷疑就不要做了。唯有當你能很信任醫師時，才能放心讓他動刀。

此外，一定要把你心目中的遠端計畫、理想狀態在諮詢時告訴醫師，並把你的時間表讓醫師知道，因為每項療程都有修復期，唯有讓他清楚知道才能配合你的時間表，或許你原本以為要動刀，結果他只用玻尿酸、肉毒桿菌素就能幫你先做改善，達到你預期的目的，結果就只要定期維持就好了，省了錢也少了皮肉之痛。

另外，整形前要先了解：目前到底有哪些技術？皮膚科的醫學美容、整形手術及目前在保養品中有哪些新研發的保養成分問世，先做足功課，再依個人經濟能力的負擔，選擇最適合自己又可改善的方式進行。

把整形醫師當作是終身美容顧問

我認為，微整形或是微調所建立的醫病關係應是長長久久的，也等於是自己多交了一個懂得健康的朋友，他將成為你終身的美容顧問，就像是一個專業的諮詢老師，可以隨時給你提醒和建議，也會適時為你的「貪美不足」踩煞車，更能為你的術後做瞭若指掌的「售後服務」，當有任何問題出現時你找得到負責的人，同時拿得出補救的措施，以及懂得應變計畫。

因為這種微整形是長程關注，它可協助你更容易時時檢視自己的容貌與身形的變化，更了解美容醫學科技可以到達的可能性，讓你隨時得到美容整形的新知，甚至讓你最後變成一位「美麗達人」，不至於在做了「一次到位」的手術之後，彼此形同陌路，更何況往往一次到位的手術，並不能滿足你的一次到位想像，總是與期望值有明顯落差，那麼何不選擇做微整形，讓自己有更多的把握整得「到味」，而不只是「到位」而已呢？

一位好的「微調術」醫師必須先將利益拋開，而是以利他為出發點，當客戶來到診所時，醫師得站在客戶立場為出發點，而不是只為考量自己的口袋，以利人的角度為出發點，協助客人達到美麗境界。以目前最普遍的玻尿酸為例，它是以西西或依注射部位多寡收費，一個有醫德、技術與美學觀念的醫師，就懂得利用微調的美妙處，為人們創造所需改善的效果，只要一西西就能把整張臉解決了。但若是以部位收費，雖然他的技術也很高超，一西西就可完成二個部位甚至五個部位時，他可以多收幾倍的錢，又為何不多收呢？

有個觀念很重要，整形醫師未來可能與牙醫、皮膚科醫師與家庭醫師一樣，陪你走一輩子，而這將是個新趨勢，就像剪髮一樣，因為有了微調概念，你與他的信任形成後，可能每個月常去看他，不管皮膚有問題，或是臉上有新表情紋出現時，讓他檢視並幫助你認識自己容貌的改變，而且建立這種長期的醫病關係，對醫師與客人都是良性的互動。因為醫師不必急於一時就要把你做好，急著把你的錢賺進他的荷包裡。例如，當我覺得某部分的皮膚很乾燥，我就去找我的醫師看是否能改善等等。臉部的情況尚且如此，更何況身體其他部位呢！

當你有一個基於健康概念的需求，而且對於自

整形不是重建

由於整形手術多半沒有健保給付，因此價位也比一般看病高，所以，愛美的你，慎選好醫師，並把錢花在刀口上是很重要的。

微整形的好處是花費低、風險低、精準度高，因為微整形只是做部分修護、恢復或預防，讓平面的看起來更立體，讓鬆垮的看起來更緊實，讓不均勻的、粗糙的、黯沉的看起來柔嫩、平滑、淨白，微整形使你覺得賞心悅目，而非徹底顛覆，不是大刀闊斧的整個打掉重建，有修飾的、必要的微整形可以加分，但若只是沒有意義的、只為了「要像誰」而重建，就不是聰明的抉擇了。

有責任感的醫師其實會站在該不該整的立場為病人妥善把關，不會也不應該把愛美者的微整形當成外傷病人的重建手術來看，當然，有時也會有一些不肖醫師會想趁機大撈一筆，故意把患者的「工程做大」，讓他的收入增加，小刀大開，不必要的刀也開，把你做得不像你，醫師精進的不是醫術，而是業績與荷包，整形就會淪為商業行為，這樣的醫師心態可議，相信他的服務也會大打折扣，你還要把重大的「重建」手術交到他的手裡，並且冒著大手術的高風險嗎？

已的心態也很清楚，此時，整形醫師就又扮演心理醫師的角色。要經常與醫師接觸，把你的需求告訴他，讓他能夠最了解與判斷你的心態是否健康。例如，一位需要靠外表謀生與一心想挽回老公心態的女人，醫師要幫她們的方式也就不大相同。需要用外表當謀生工具的女人，是以立即能達到美麗為訴求；若是老公有外遇，她的心態是想要挽回老公，則要的是再創新鮮感。可能她只要打玻尿酸就能達到，少了皮肉之苦，又省錢，同時也能顧及心理的健康。心態年輕了，就能讓外貌也變得年輕。因為家妻有個愉悅心態、笑容、溫柔體貼的態度，就能好好整理家務，每天快樂地生活。

另外，我要提醒的是，一旦找到好醫師後就不要再換人了。這就像是沒有人會天天換老公的道理一樣，只要看準該醫師的強項後，以後有相關的需要就可以去找他，可將這位醫師視為你的美容家庭醫師。

拿掉比放進去好

許多整形都需要在身體裡面放進一些東西，不論是人體本來就有的玻尿酸補充物或是人工軟骨等，任何東西只要置入身體都有許多風險，只是大家都喜歡隱惡揚善，醫師或廠商沒有很明確的說出來而已。雖然這些可置入人體的填充物或補充物質都是經由各國的衛生組織，例如美國食品藥物管理局FDA的核可才能植入人體，但只要是異物的置入，人體多多少少都會產生排斥性，嚴重程度則是因人而異。歷史上遺害最多、最有名的就是曾經紅極一時的矽膠，目前研究者已發現，矽膠在人體內的時間一久，就會像土石流一般，在組織內部到處流竄，導致組織異物發生排斥反應而纖維化變硬，並阻礙血液淋巴流通，日積月累變得腫脹下垂，會讓人看起來更老、更醜、更怪，如果要拿出來，得連同組織一起挖掉才行。

另外，目前市面上所謂的微整形，其實充其量只能算是另類的小針美容，只是把玻尿酸、肉毒桿菌素等打進臉上的部位而已，除了是否由專科醫師執行外，還有一個讓人較憂心的地方是，所注射的部位是否真的達到玻尿酸所能發揮的真皮層。玻尿酸存在於皮膚組織真皮層內，主要的功用是負責吸收水分，維持各組織的潤滑度，但會隨著時間流逝，因此，年輕人身上肌膚比較白與光滑柔嫩、有彈性，但到了年紀大一點時，則可能因為它的流失，皮膚會變得較乾癟、萎縮等，最明顯的例子是我們常會看到一些人的嘴唇四周皺起來。

既然玻尿酸原本存在於皮膚真皮層，因此為了讓它能夠發揮效用就應該注射在真皮層內，就微量的觀念而言，位置對了，只要少量就會吸水膨脹飽滿，讓人回復到年輕的狀況，但真皮層它到底在哪裡，皮膚科醫師可能比較清楚知道，但其他科別醫師可能就不清楚，更遑論沒有專業訓練的美容師了。再加上皮膚是很薄的一層，很可能打到脂肪層，針的觸感很難定奪，就好像縫衣服時，只要挑一針就能創造出效果一樣，於是這一針就很重要了。

醫師告訴我，玻尿酸打到對的地方效果就會很漂亮，若打錯地方就得打一大坨，同時因為在錯的位置讓玻尿酸無法發揮吸水作用，例如想用它來填補法令紋的凹洞，結果因為錯位，在客人的臉上摸起來就會變成一坨，好像一塊硬物在臉上，有的醫師就會要病人努力把它推勻，但其實它是推不散的，且因打錯位置，身體內的白血球會以為是異物入侵而產生排斥，就會出現結疤的硬物，或過了一年半載，因為它流散了，但人們卻以為它被吸收再補打，長期下來是否會造成什麼副作用，目前仍是未知數。

另外，肉毒桿菌素也是常被用來做微整形的項目之一，它主要是放鬆肌肉神經的作用，對於動態紋有效，這是因為肌肉收縮所產生的紋路，例如魚尾紋、抬頭紋等，但醫師告訴我，就怕使用過量，肌肉無法放鬆反而變得僵硬，要知道，放鬆並不是癱瘓或麻痹。這也難怪，早年我們常可看到一些藝人使用肉毒桿菌素，結果卻變成臉部不自然，或是名人變成面無表情的事件。

醫師還告訴我，既然已經做好微整形的準備，除了解補充物的特性及後遺症與可能出現的副作用外，選擇時一定要用品質有保證的，千萬別為了省一點小錢而選擇次級品，那可是要放進身體裡，與你共生共存一輩子的東西。據說，市面上已有黑心玻尿酸出現，他很擔心使用若干年後，是否會出現像早年矽膠隆乳事件再翻版。

無疤無痛的迷思

怕痛、少流血是人們在做治療時最希望達到的，而為了競爭搶食整形這塊商機無限的大餅，各類整形廣告就猛打花樣百出、層出不窮的誘惑，其中最吸引人的就是無疤手術、無痛過程、不流血、不腫脹、不必休息、不要陪伴，一個午休就可搞定，事實上，這些聳動廣告詞背後可能都隱含誇大不實的陷阱，聰明的消費者請不要愚昧的相信廣告而以身相試，以下幾則迷思，是我與整形醫師所討論出來的結果，提供微整形的消費者在選擇醫療院所與醫師時一個審慎參考。

無疤，不如用障眼法——事實上，只要是開刀就不可能完全無疤，請記得整形目的不是為了無疤，而是為了追求美，因此疤痕可以通融，但是整出來的效果可不能打折扣。如果為了講究手術無疤，而使整形效果不彰，我想這可不是花錢求美的人所樂見的。盡職專業的整形科醫師會從美學角度出發，不會強調無疤，只能儘量想辦法施展「障眼法」，把疤痕隱藏起來。醫師說，有的人以做無疤眼袋手術為訴求，從眼睛結膜打洞將脂肪移除，結果反而使眼皮及肌肉鬆弛，術後久了眼睛易凹陷、細紋也會增加，反而造成了顯老的反效果；而一個有經驗的專業醫師做眼袋整形，則會採取從下眼瞼處進入以懸吊法把眼皮移除，讓肌肉變緊繃，疤痕是隱藏在眼睫毛下緣，從外觀上看不出疤痕，而且眼周又能達到了長久緊實的目的。

無痛，小心麻醉後遺症——台灣醫病關係的資訊經常處於不對稱的狀況，每當有新方法上市時，廠商與醫師往往只談優點，對隱藏的風險卻避而不談，好的醫師應該善盡告知的責任，不可能有哪個手術是完全零缺點、零風險的，再好的科技也需要一段時間的演化、成熟與穩定，新的整形科技問世，最好先以停、看、聽的心態，多請教、多觀察，自己要有過濾資訊、選擇所需的能力，而不是一看見「新方法」，就急著「以身試法」。

別被流行牽著走

流行，是台灣整形風潮的另一個迷思，翻開「台灣整形史」大多是沿襲歐美的作法，從小針美容矽膠、雷射、胎盤素、脈衝光、內視鏡拉皮、肉毒桿菌素、懸針拉皮、電磁波拉皮、膠原蛋白、玻尿酸、植物荷爾蒙、活性酵素等，幾乎每三到五

侵入性與非侵入性

很多人以為醫學美容，因為沒有血淋淋的傷口，也沒開刀，就是非侵入性，而需麻醉動刀的手術，有傷口與流血的，才是侵入性。但想想，那些醫學美容儀器所使用的波長進入皮膚發生作用，雖然外表沒有看見傷口，但對皮膚組織而言，未嘗不是一種破壞與傷害？因此，在觀念上也有必要釐清。對我而言，這些都是侵入性，只不過是有無傷口的差別，至於效果又可分為立即顯見的，如打玻尿酸或微晶瓷；以及需要長一點作用時間的，如電波拉皮是三個月後才見真章，因此，該做的保養都要持續進行。

至於醫學美容上強調「一次性」，是指當次療程一次就可做完，至於效果則與個人的生活作息，抽菸、喝酒、熬夜等有關。而且這些美容保養品與各種醫學美容可不是讓你「有恃無恐」，如果你本來的生活習慣仍照舊而不願進行微調，做再多醫學美容，也沒辦法達到1＋1的加乘效果。

因此，我覺得，醫師、保養品與儀器是屬於一條線的。它們是相輔相成的，三者兼顧才能達到讓人維護年輕肌膚的目標。即便是動了整形手術，別以為就可一勞永逸，還是得靠儀器與保養品來時時維持效果，否則很容易又打回原形。就好比吃減肥藥物一樣，很多人以為吃了藥就可以大吃大喝，怎麼可能瘦得成呢？所以，不管是保養品、儀器或是醫師的技術，都是協助人建立正確的觀念，這道微調防護線是相輔相成的。

年，就有新產品問世，讓人眼花撩亂，這些產品能否禁得起時間考驗，每位求診者都是臨床實驗品；流行往往只是短暫現象，只有技術經過累積的價值，才會如鑽石一般歷久不衰，因而選擇好醫師，一定要兼顧醫師的學養巧思、精緻穩定的手工、真誠關懷的善心，才是品質的保證。

現在流行什麼就跟著去做，這是最不明智的！因為你就是你，是獨一無二的，明明是東方人的臉孔，配上一個又尖又挺的鼻子，和其他的五官一點都不搭調，只會顯得突兀，而沒有美感可言；據說，還有人受命理節目的影響，在美容整形界也流行開眼頭，其實最美的眼頭是利用雙眼皮的幅度自然形成的，因此只要整形醫師的技術夠、又有美學概念與認知，只須在割雙眼皮時把幅度做好，就能讓人有一雙自然又漂亮的眼睛，根本不必再為開眼頭而挨一刀。最怕的就是，萬一眼頭切開後做得不夠理想，或在眼頭下留疤痕，這樣的眼頭反而失去了甜美溫柔的女人味；拉眼尾也一樣，本來該淺淺的拉出去，十分自然，像桃花眼一樣獨特嫵媚，但如果幅度沒做好，眼尾被骨頭擋到，還要再做一次去骨手術，工程愈搞愈大，整「形」就變成整「人」了。開眼頭、求好運沒有什麼科學理論，也沒有什麼實例見證，只因流行，大可不必！

而一個有美感、有經驗、可信賴、可諮詢的好醫生，他也會告訴你「愛美要做自己」，不要一味的跟著流行，整得讓別人認不出你原有的樣貌，也不要指名想要某某影星的眼、某某名人的嘴、某某名模的鼻，真的都做出來放在你的臉上，一定會嚇壞認識你的人，毫無協調與美感可言。

小心整形會上癮

現在正在播放的外國影集「整形春秋」非常受大眾歡迎，它每天提供觀眾一個在整形醫院門診上演的不同劇情，同時也細說整形者的心態與術後的影響，從心理面、技術面、人性面作深入探討，是部非常耐人尋味的影集。其實，這類的故事在現實的整形醫療院所也同樣每天上演不同戲碼。有的故事是起初先生很反對，看到老婆「變臉」後，覺得自己老得像她的爸爸，很不相稱，也要求醫師「動動手腳」，演變到最後，先生比太太還更投入，整形整上了癮，三不五時就要來整一下，人變年輕後，就會讓人由內心產生愉悅感和自信心，所以說，整形會讓人整上癮，一點也不必意外！

當然，微整形的好處就是整得自然，讓自己或是他人看得順眼，有人在初試之後大感滿意，本來只是割個雙眼皮而已，後來想到要摘除眼袋，眼部變得年輕之後，看眼後的魚尾紋就很不順眼了，魚尾紋弄平整了，眼下細紋及額上的抬頭紋還是會洩漏年齡秘密，非除之而後快，就這樣一次又一次，不久就做一次調整，愈來愈有上癮的感覺，愈來愈有更多想要改善的地方，而且一次比一次有信心，可見得選擇好醫師、好醫院、好技術、好服務，多麼重要且必要。

科學上有所謂的「彼德原理」：人會一直往上爬，直到爬到他無法再往上攀升的位置才會停下來，相同的道理，基於對美貌的期待，整形最好有個底線，如果整到過度，反而會變得不自然，有良心的醫師會建議不要再做了；但遇到很「魯」的求診者聽不進去，非要像個孩子吵著要糖吃一般，要求醫師再整，這個癮頭的基礎是愛美的心態，對自己永不滿足的要求，所以平日的微調很重要，微調到時時刻刻都滿意的程度，自然就會減少對整形的需求欲望，畢竟那還是一筆為數可觀的支出啊！

何時該停止做微整形？

微調的觀念在微整形上十分重要，當你整到一定程度時就該放手，告訴自己「夠了」，也就是拿捏的分寸很重要，所以我才會一直說，微調是從微心、微量與微整開始，但一切都要適可而止。

這不僅是在醫學上如此，就連在「求美」的要求也是如此，當我的醫師朋友聽了我的美學微整形觀念後大為認同，並告訴我一個沉寂在他心裡已久的故事。

有一位六十多歲的女性到診所來做拉皮手術，術後的結果讓她的臉看起來只有四十幾歲，讓她既滿意又開心得不得了，走到哪都處處受人稱讚之餘，她又跑來診所要求要做隆乳、隆鼻等多重整形，但忘了她的身體已是六十歲。看著她愈活愈高興，醫師也順水推舟幫她完成所求。就在讓眾人賞心悅目之際，她也的確過了一段多彩多姿的日子，天天夜夜笙歌，飲酒作樂，沒想到有一天她因酒駕，撞上電線桿而往生了。直到婦人的朋友再次上門要求整形時才說出，並告訴他，在婦人的遺照上她是笑得多麼燦爛，這是她人生中活得最有意義的一段日子。

聽到婦人的故事後，醫師心想，如果當時他能夠適可而止，也多勸勸這名婦人，也許這名婦人現在還可以愉快活在世上。而現在他的心裡已有了微調的觀念，並常會提醒自己與客戶：「我可以給人年輕的外表，但你也不要太放鬆自己，而讓自己不知所措。」

微整形的心理建設與手術方法

隨著年紀漸長，因自然老化或地心引力所造成的不美好，可就不是只靠化妝品就能解決，這時候藉由適當的微調或微整形是必要的，如果可以讓自己看來更年輕、漂亮，增進人際關係等，何樂而不為呢？

許我一對漂亮的雙眼皮

不知你是否發現，像我就常發覺，走在路上有很多人的雙眼皮一看就是割出來的，非常不自然。許多人認為一雙大眼是魅力所在，所以雙眼皮一直是名列整形項目第一名，但我認為割雙眼皮的技術是可以更進化到讓人察覺不出來，就像縫製衣服時只要做工夠細，就能讓人無法發現到縫線的存在。懷抱著這樣的想法，有一天我便與林醫師討論起來，並再次向他挑戰時下的整形手術，因為我常會運用貼眼膠的方式，立即幫人做出效果很好的雙眼皮，為何雙眼皮手術就無法達到這樣自然又完美的效果？結果有著令人意想不到的答案。

當我提出只使用貼眼膠就能創造出好的雙眼皮時，林醫師從善如流，把它利用在為客戶割雙眼皮上。原來他讓想做雙眼皮的人，回家利用膠帶貼出自己最滿意的效果後，再回到診所開刀。技術早已從醫學跳脫到美學的他發現，雙眼皮的寬度在8-10mm時，眼皮會自然摺進去，這時眼睛看起來最靈活，但很多醫師不敢這麼做，仍停留在4mm的寬度，這樣一來，很可能三個月後雙眼皮就不見了。難怪他經常得替很多醫師同業善後。

醫師說——在面相學上「前有勾，後有刀」的雙眼皮最漂亮，也就是前面做起來像一個鳥嘴，尾巴像一把剪刀一樣。然而所有雙眼皮做出來會不自然，是因為眼頭與眼尾散開跑掉的關係。目前常見的雙眼皮手術可分為刀割或縫線，只要雙眼皮的幅度是平行直線就能創造出漂亮的桃花眼，但大部分醫師多是切太深，幅度變太大，幾年後線條就一直下垂，甚至變成內雙或變短；眼尾沒做好的話，割太深時，笑起來的魚尾會很明顯。難怪會有人抱怨：「雙眼皮不做還好，做了魚尾紋反而增加了。」

至於有人說，雙眼皮用縫的會掉下來，割的才不會！其實關鍵在「此縫非彼縫」。重點在於針線，一般整形醫師在做雙眼皮時因為怕腫、怕流血，所以用細針粗線，以細針來達到最小的傷口，用粗線來支撐，初期是可以看到效果，但時間一久無法支撐提眼肌就會下垂了。但林醫師剛好相反是粗針細線，他的理由是，粗針一來好操作，不必擔心因為針太小，看不到會刺傷眼球，同時可以利用流血與傷口組織的復元來黏住提眼肌，一開始整個人腫得像是埃及豔后，而且是愈腫愈好，當三天消腫後就會變得很漂亮。他告訴我，有位女性做完雙眼皮回家後，先生是愈看愈有趣，好像變了一個人，當晚忍不住就翻雲覆雨，第二天又擔心傷口裂開，馬上又來回診的趣事呢。

惱人的眼袋處理

提到雙眼皮就不能不提女性最在意的另一個眼袋問題，我經常在想，讓人看起來就有點年紀的眼袋是否能永久去除？是不是可以像拉皮一樣把它拉一下呢？當林醫師告訴我，眼球上下整個被眼皮覆蓋著，其實它周圍還有脂肪是在支撐，當一個人年紀大或因為生活不正常，下眼皮肌肉就會慢慢變鬆弛，眼球壓力變大壓迫脂肪造成突出而形成眼袋。一般人以為去除眼袋是把脂肪抽掉，這只是頭痛醫頭腳痛醫腳的作法，它的效果只能短暫維持，因為取出脂肪後，皮膚失去支撐反而變得更鬆弛，產生更多細紋。結果又反覆地抽脂消眼袋，時間一久眼窩凹陷，甚至連上眼眶也是，鬆垮了皮膚不說，反而讓人看起來沒有精神、更顯老氣。有很多人因為很早就抽脂除眼袋，等年紀大時產生凹陷的情況而後悔不已。

醫師說——去除眼袋，其實說穿了有點像是小型拉皮，先把受壓迫的脂肪歸位，如果脂肪太多可以拿一點，把皮繃緊一點，但一般醫師很怕，因為破壞性太大而擔心留疤與眼皮外翻不太敢做。其實只要以傳統的手術方式，將眼皮移除，並以懸吊法將眼袋肌肉的皮膚與神經繃緊一點，就好像是在眼睛下面做一個小拉皮，這種做法可避免眼睛外翻，也可以做出可愛的臥蠶，還可以解決煩人的細紋問題。尤其是年紀超過四十歲的人，眼皮與眼尾下垂、臉頰也鬆垮，法令紋也是從鼻翼兩旁四十五度角垮下時，如果做一個血淋淋的小拉皮手術，常會讓人無法接受，如果利用三合一雞尾酒手術，將眼尾、臉頰往上拉，合併眼袋手術一起做微調，多重分散的觀念所創造出來的效果反而更明顯。而眼袋手術的疤痕其實是隱藏於睫毛線，從外觀上根本看不出來曾經動過刀、加過工呢。

隆鼻，不要變成氣象鼻

日前，有一位正在猶豫是否要隆鼻的小姐來找我諮詢。我觀察了她一陣子之後，的確鼻子在她的五官上是弱了一點，山根非常低，但鼻頭又肉肉的，便問她塌鼻子是否讓她很在意？她的回答是，因為有很多人對她的鼻子投入過多的關注，老是問她要不要去隆鼻，其實她本人沒有那麼在意，只是常被問起就覺得很煩，又聽說隆鼻可能會有氣象鼻，更讓她不敢行動。

其實要不要隆鼻或做任何整形，當事人在心態上怎麼看待這事最重要，如果根本不在乎，也就不必管別人說什麼，只要自己不以為意、坦然接受就行了。但如果真的在乎，其實以林醫師二十幾年的整形經驗，在所有項目中，隆鼻是最簡單也是效果最好的，只要把人工軟骨放進去，即使不滿意也可隨時拿出來。

以前大家對隆鼻的確有不少擔心，再加上看到許多資深藝人做了鼻子後的情況，更擔心隆鼻會成為氣象台，或是臉上有個龐然大物般的怪異鼻，若是以現在的醫學進步看來，如果她們能夠再緩幾年也許就不必受這些苦了。根據林醫師的說法，所謂的氣象鼻都是使用液態矽膠的緣故，當矽膠打進體內後產生局部排斥，並在體內硬化結塊，因而影響淋巴循環，加上地心引力的作用下，這些液態矽膠也會往旁邊移動，此時，原本高挺的鼻頭就會變鈍，為了維持美好挺的鼻子，只好再去補充，時間久了，這些異物到處囤積因而被形容成異物鼻，就像美女與野獸那種組合。然而，已出現矽膠後遺症的人想要善後實在非常難做，因為矽膠會與組織融合，因此除非整塊挖掉，否則很難處理得好。

目前很多人想用玻尿酸隆鼻，其實是有風險的。一來，玻尿酸是液態狀，只要用打針的方式就可完成，使得現在有很多非專科醫師，甚至密醫或美容師也在幫人做，相當令人憂心。玻尿酸雖然是我們皮膚組織裡原有物質，主要功用是吸收水分擴散後作為潤滑的功用，皮膚組織是很細微的，只有打在真皮層才能發揮應有的功效，如果打錯地方，不僅無法吸水膨脹，反而會形成硬塊，雖然它會被人體吸收，但是如果一再補充，是否會像過去的液態矽膠對人體造成傷害，可能不是短期間內就能得知的。況且我們每天擦保養品，裡面含有保濕成分，萬一被這些到處流竄的玻尿酸吸收了水分，會不會產生化學變化，是否又是在自己的臉上豢養一隻怪獸呢?!

當然，醫學美容的技術一直在進步，像去年四月台灣衛署許可上市的Radiesse微晶瓷，不僅通過美國FDA和歐洲CE MARK核准，而目前已經是韓國注射式隆鼻選擇的No.1。而我們對安全性跟有效性也應該更要求，所以想隆鼻時，選擇方式不論是最新的微晶瓷5分鐘隆鼻、其他注射式選擇，或者是手術，都建議要是先做好功課，多和醫師溝通自己的需求、多比較，找出最適合自己的方式和醫師。

醫師說——東方人的鼻子在於鼻頭比較低沉與外擴，不像西方人是集中的。傳統作法是將散開鼻翼切小再把它縫起來，但這樣做無法達到立體的效果。如果把它切掉，又變成假假的，且鼻子也會變小，有損鼻頭在面相學上所象徵的財庫，一般人也不太願意這樣。

目前隆鼻最安全、有效的作法，就是以開刀的方式植入固態的矽膠軟骨，就能避免讓人心生畏懼的氣象鼻，同時可在手術時順便做局部拉

為自己量身訂作的美容醫學療程

我個人臉上一直有斑的困擾，過去曾試過脈衝光，不幸的是我正是那對脈衝光無反應的一群。現在坊間有柔淨膚、飛梭雷射等各種除斑的治療方式，它們依波長進入皮膚修護層面也不同，視斑的生成而定，加上我的工作是不允許我休息，我得每天見客戶與人接觸，因此，適合我的方式必須採用分段式且無恢復期的治療。例如，淨膚雷射可以一次就到位深層的斑點，但必須經過一段恢復期，因此我與醫師商量後，採用5~6次為一個療程就能避開恢復期的問題，這個部分我就運用了微量的微調觀點；電波拉皮主要是為了讓皮膚更緊實，也沒有恢復期的困擾，但效果是三至六個月才能看得到；另外，飛梭是為了達到皮膚的細緻與縮小毛孔、坑疤等。

以我為例，肌膚緊實需要三至六個月才能看得到效果，而每種治療需要間隔兩週才能再做另一種治療。所以我先做電波拉皮，兩週後再進行淨膚雷射，它的療程全部走完也大約是六個月後。屆時，我的肌膚緊實了，我的斑紋也變淡，同時我的膠原蛋白也變活絡，我所有期待的目標就能同時實現了。至於飛梭雷射因為會出現輕微暫時性紅腫的現象，所以必須有一段恢復期。加上我的臉上已有兩種治療，此時就不應再給它任何刺激，經過與醫師討論後，我比較在意的是臉上緊實與斑點，至於皮膚細緻與收縮毛孔，並不是我現階段所要考慮，而我又想體驗目前流行的飛梭雷射的效果，於是選擇以手上毛孔比臉明顯來代替；此外飛梭雷射又具有緊實的作用，如果真能有幫助，它的費用也比電波拉皮經濟多了。這就是我在微調觀點的運用——選擇適合自己最需要的就好。

提與肌肉懸吊，就像是捏包子一樣，可依個人期望而調整鼻子的形狀與高度，如果微調後還是不滿意，可以在真皮層內注射一點玻尿酸來微調，就能塑出一個尖翹立體的鼻子。

玻尿酸不是不能用於隆鼻，但要掌握它只在真皮層發揮作用，而且不能被當成是填充物，只能是補充物。即使最後人工軟骨不幸產生排斥，只要再開刀取出，就能免除液態矽膠想要拿又拿不出來的不歸路。其實，早期曾有以自體軟骨隆鼻的作法，但是經過多年來的經驗結果證實，因為肋骨太過硬幫幫、缺乏彈性，時間久了，也會歪曲變形而宣告失敗。這種手術方法被視為是理論可行，而實際不可取。

自然性感的美胸術

胸部美不美，已不再是大小的問題了，而是要一個讓人產生視覺的美感，至於這件NEW BRA是要永久放在體內或每天穿脫，就看個人的需要與選擇了。你可以運用胸罩、水餃墊等來襯托，甚至可以多襯幾個直到讓自己滿意，如果起了念頭想動手術，只要找個有醫術與美學概念的好醫師，就一定可以得到滿足。

提起美胸，早些年隆乳號稱無疤的填入矽膠法大行其道，但事實證明，矽膠對人體危害甚大，讓很多人躊躇不前；已有多年服裝設計、造型經驗的我，就一直在想，就像衣服必須依身材變胖或變瘦而修改，當胸部受到地心引力或哺乳變鬆弛了，有沒有可能利用剪裁或修改衣服時，善用布料的紋路與打繝褶的方式，讓衣服變成立體的原理，將它運用到隆乳手術上，只要從皮膚裡面把垮掉的部分拉高。這樣的想法，在兩年前與經驗豐富的林醫師一番腦力激盪後，我以我的專業挑戰他在醫學專業上的不可能，最後他打破了自己的框框，竟然得到印證，林醫師還因此發明了讓女人稱羨的「包子奶」，這是一種集中、托高、柔軟等效果的美胸術。

醫師說——有一天，一位林醫師的整形客戶來到診所，她打開衣襟露出她胸前慘不忍睹的情況，因為她已在醫學中心做了三次隆乳，結果是胸部傷疤累累、乳頭移位。她只要求讓她變形的胸部拉平就好，別無所求。此時，林醫師突然想到當時我所提出的「立體剪裁」理論，反正他有信心把凹凸不平的肌膚拉平，然而最壞的結果也不會比她當時的情況差，於是在半身麻醉的情況下進行手術，沿著乳暈上的傷口切入，並把像土石流般鬆垮的肌肉以懸吊術做調整，同時也把放在胸部裡的水袋拉整、打摺後再縫合，結果造成令人想像不到的驚喜。

這個手術竟然讓她從木瓜奶變成一個集中、托高、柔軟、有彈性又沒有副乳的胸部，就好像是穿了一件隱形的胸罩在身上，找回屬於她的自信。這個突破性的作法，讓林醫師幫助更多女性追求美麗的同時，少受了一點皮肉苦與全身麻醉的風險，傷口約為一般手術的十分之一，而且不必使用引流管排除血水，縮短了術後恢復期。

緊實肌膚的拉皮術

我一再呼籲女性朋友，要美美的過日子，把自己打扮得清爽宜人，平時的保養固然重要，但是隨著年紀漸長，因自然老化或地心引力所造成的不美好，可就不是只靠化妝品就能解決，這時候藉由適當的微調或微整形是必要的，如果可以讓自己看來更年輕、漂亮，增進人際關係等，讓自己生活變得更富樂趣，又何樂而不為呢？

歲月催人老，而人臉部皮膚就像是一條橡皮筋，使用時間久了自然會疲乏，原本緊緻的臉也因此變得鬆垮，因此，才有拉皮整形讓人回春的手術出現。

我並不認為整張臉應該光整無瑕，不能有一絲絲皺紋才叫美，所謂真正自然的美，需是要符合自己的年齡略作調整才行，例如，當額頭上的抬頭紋很明顯，就可以利用肉毒桿菌素來微調，讓肌肉神經放鬆，此外像是每次大笑、皺眉等表情牽動臉部肌肉所產生的紋路，也都可藉由施打肉毒桿菌素，使過度收縮的肌肉放鬆，進而消除皺紋；至於臉部的靜態紋如魚尾紋、法令紋、淚溝等注射少量的玻尿酸來修補肌膚的鬆垮、凹陷與皺褶，只要找到可信任的皮膚科專業醫師進行即可。

醫師說——玻尿酸與肉毒桿菌素可以視為熟齡人士的保養，它可幫助你維持在一定的光潔，另外也有脈衝光、淨膚雷射等醫學美容方式，助人延緩老化，但是平時已做的保養功也不能缺少，如果沒有好好的維持，歲月還是一樣會在身上留下痕跡。至於上了年紀的人，已在臉上出現年輪時，可能就得用拉皮的方式來改進。拜醫學美容科技進步之賜，已有電波拉皮、電磁波拉皮等方式，讓人不必再面對血淋淋的拉皮手術，但是它的效果還是需要靠人時時維持與保養，也許是適時加上一些保養元素，就能讓年輪出現的時間變慢，當然，也可以選擇拉皮手術，並將傷口隱藏在髮際線裡而讓人不易察覺。

我的微整形經驗

經過醫學美容的多樣組合，量身訂做一件不必脫下的隱形衣，不僅僅是我，也不只是女人，每個人都可以嘗試，並且將它列為終身的投資計畫。

我認為，二十一世紀的保養醫學裡，人們除了重視身體器官的健康維護，外表樣貌的維護也是值得投資的一環，醫學美容的多樣組合將扮演醫師為個人量身訂做一件不必脫下的隱形衣的重要角色，甚至成為每人的終身投資計畫，而且是一項永遠投資於「微調術」的奢華風，至於要選擇怎樣的微調方式來穿上這件永久的隱形衣就因人而異了。同時這項永遠的投資即便是對男人也一樣需要，因為現在外貌協會的人愈來愈多了。而我相信，一個愈會照顧自己容貌的人，代表他的責任感很強，是個生活有紀律的人，也就愈能被交辦更多的事情。

我是一個很有研究精神的人，凡事都想體驗看看，尤其是這幾年醫學美容的儀器蓬勃發展，周邊朋友不斷去試過各種新方法，她們也都會與我交換心得，例如有人告訴我，做了某項治療，例如雷射或電波打在臉上時會有痛的感覺啦，甚至用很痛來形容，或是打脈衝光可以激發膠原蛋白增生但返黑的情況會很嚴重等，為了要讓大家了解接受微調用於微整形上，我不僅親身做了幾項體驗，電波拉皮、淨膚雷射、飛梭雷射等，也把個人曾做過的經驗與大家分享。

眼皮手術

見過我的人都誇讚我的雙眼皮很漂亮，但你可能不知道，其實我的左眼曾被微整、讓醫師釘了一針呢！別懷疑，我的雙眼皮是天生的啦！

記得有一陣子，工作讓我分身乏術，就像是蠟燭兩頭燒一樣，耗盡了我的精力，而我還自以為是神力女超人般，一直向前衝！我經常感覺眼皮好重，尤其是到晚上情況更明顯，眼皮常常一直跳動，嚴重時還睜不開眼來，本以為是我太過疲倦了，直到有一次與醫師朋友們聚會時，這情況又發生了，但為了要維持住基本禮貌，我便下意識地用手抬壓著左眼與人談話，結果被一位眼尖的醫師察覺了，他好意地提醒我可能是眼睛出問題了，最好去檢查一下。於是我到醫院做了包括青光眼、白內障在內的多種檢查，結果報告都一樣，我的眼睛根本沒問題，雖然確定眼睛沒問題，暫時可放下心來，可是我的情況沒有改善，眼皮仍然感到很沉重，甚至我明明不覺得累的情況也照樣發生。

就在另一次聚會裡，整形科林醫師看到我的情況後，建議我到他那裡檢查，才找出真正的問題所在，我的左眼肌腱太過疲乏，才導致我無法睜開眼睛。在我開出一大堆要求，不能讓我的眼皮留下任何不平整、疤痕，甚至不自然等種種規範後，醫師把我的眼皮翻開，釘了一針之後，才解決了我的問題。

預後——從此，只要我的眼皮出現不正常的跳動，我都會非常留意。像現在，我發覺只要一疲倦，眼睛就會發紅，加上我是一個經常需要化妝與搭飛機旅行出差的人，我的眼睛會比較乾燥，我也會準備一瓶人工淚液在身邊，好滋潤我的眼球。而經過這一次經驗，我察覺到，當身體一出現問題，一定會透過皮膚以任何方式發出健康警訊，或許是在某部位出現幾顆小疹子或紅點，就看你是否夠敏感去察覺與進行微調了，解決了眼睛等問題之後，我便到大醫院去抽血做健康檢查，甚至也驗了是否有過敏原，幸好我都在安全範圍內。

此外，就連食物我也做了微調，儘量少吃一些光敏感的食物。我的原則是在出門前，會少吃芹菜、韭菜、芫荽（香菜）等的食物，以免因紫外線照射臉上容易產生斑點；紅豆也是一個極易感光的食物，至於紅蘿蔔、木瓜、柑橘、芒果等B胡蘿蔔素含量較豐富的食物，由於它們所含的黃色素也較豐富，吃多了也容易有色素沉著或臉色偏黃的情形，所以就是酌量攝取或是避開出門前吃。另外，太鹹或太辣的刺激性食物，因為也會刺激皮膚造成肌膚的色素沉澱，我是很少碰的。

至於維他命C已被證實具有美白作用，因此含有豐富的維生素C的水果，例如柑橘、檸檬、草莓、芭樂、奇異果、木瓜與聖女番茄，這些水果的維生素C含量也是水果中的佼佼者，我建議愛美女性可以多吃一點，以及肉類可提供良好的膠原蛋白和彈性蛋白、維生素B群與鐵質，能使細胞變得豐滿，減少皺紋，增加肌膚彈性與紅潤感。

玻尿酸與肉毒桿菌素

皮膚宛如一層覆蓋在身體上的一塊布，而且是一塊擁有記憶力的布。當我們一再重複出現某些動作時，肌膚就會記住並且反應出來，這就說明了為何臉上會有表情紋出現的原因。當臉上一出現小皺紋時，就得趕快微調，可不要等到它變成大問題時才想要解決，到時可能就得付出更多的力氣才可能辦得到。

就在我眼皮出現問題的同時，因為繁忙的工作壓得我毫無喘息的空間，我恨不得有三頭六臂，衝勁十足的我，為了拚事業，性子也在不知不覺中變得很急，老是覺得同事無法配合，在與她們交談間，我話愈說愈快，老是感慨「為何沒有人聽懂我在說什麼？」、「為何我這麼盡心，別人怎麼還是跟不上？」心情自然是不開心、不快樂，我的眼眉間也不自覺出現了三條深深的紋路，這情形不知有多久了，直到有一天早上起床照鏡子時，突然發現，我的眉宇間怎麼多了這三條讓人討厭的線，看起來更兇。我才察覺到，難怪我與人共事時他們總是面有難色，於是我趕快找林醫師幫我用肉毒桿菌素微調。

當肉毒桿菌素發揮效果、還我一個清明的額頭時，我發覺，臉上少了這三條線作怪後，我的臉看起來和善多了，照鏡子時我的心情也跟著開朗愉快了，心情愈好，做起事來也愈順利，愈順則心情也愈好，果真是應驗了「相由心生」，因為當你正為某事心煩，眉頭也不自覺地跟著皺起來，人際關係也會變差。可是當我以開朗的心去面對時，我的人際關係變好了，同時處理事情的方法與看事情的視野也變得更寬廣了。

除了我的眉頭出現了皺眉紋之外，我的下巴也因為我的緊繃而皺起來，這時又凸顯出我下巴有個凹陷的痘疤，於是林醫師除了用肉毒桿菌素來放鬆我的下巴肌肉，並用玻尿酸填補凹陷處，這一效果是馬上看得見的，它讓我的疤幾乎消失無痕，除非我刻意指給人看，否則一般人無法察覺到它的存在。

我並不是說人的臉上不能有一絲絲皺紋，但預防重於治療，只要善用玻尿酸與肉毒桿菌素，每次打一點點，維持自然青春的肌膚就好，而不是非要讓臉部一點表情紋都不能有，因為我們不是芭比娃娃，少少的皺紋才更顯得有人性！

淨膚雷射

經過歲月的洗練與多年來的化妝，不可否認的，我臉上的色素沉澱很嚴重，有時甚至到了即使化了妝也無法遮掩，美白淡斑成為我最需要改善的地方，於是我挑了一位對機器比較了解而且是我信得過的吳醫師，以淨膚雷射作為我的美白初體驗。

我知道依照我的體質打脈衝光會有一段反黑期，這與我的期待不符，所以我選擇了這種不需要特別照護，也沒有術後傷口修復期的淨膚雷射，它是一種利用波長1064nm釹雅各雷射的波長深入上真皮層，去除膚色不均、移除角質，刺激膠原蛋白再生，加速黑色素往外代謝，因此就得密集做，一個療程需要六次才算完整，當然我也可以一次完成，只不過必須調高劑量使用，且又有恢復期的問題，所以一次到位的治療方式就不是我能接受的。

當吳醫師為我做淨膚雷射時，先是在儀器上從探頭激發出雷射光束，這個過程彷彿就像一小點一小點的熱水柱一般在我臉上密集快速地移動，但是它的熱是可以忍受的程度，只消幾分鐘就可完成，我只覺得臉上熱熱的，但熱的程度就像是喝熱湯一樣，並不會讓人不舒服或過度難受；隨後又換另一部機器為我治療，相較於前一項治療，吳醫師認為這款機器比較不痛，的確我也不覺得痛，而它的觸感就像帶有熱流、像風一般的磨砂紙，以圓形方式在我臉上摩娑前進，但它的熱度比前項低，在治療過程中我聞到一股焦味，

什麼是光療

光療依波長來分的話，大約可分為雷射、脈衝光及以LED發光二極體的低能量光。依患者為例，最常見的是肌膚老化鬆弛伴隨著紋路和斑點等狀況。如只用單一波長的光療方式，並不能解決所有的問題，所以，以前的做法是視膚質、紋路深淺和斑點狀況，來搭配不同的光療操作順序組合。

比如，針對細紋及痘疤等，通常會以飛梭雷射來處理；淺層斑、皮膚鬆弛等問題，以光纖雷射來處理；深層斑、老人斑等問題，則以紅寶石雷射來處理；大範圍的色素不均，則以脈衝光來處理。術後再輔以LED的動能紅光，加速修護過程。

而目前最新的總體複合式療程，還結合了深層電波的同步作用，透過整合冷卻電極與特定光源於一體的端子，同時作用於患部，如此可用較少的照光能量，達到同樣效果，再搭配中胚層注射解決深層紋路問題，這種複合式處理對除皺、緊實及淡斑的效果特別明顯。

這種最新的總體複合式療程，不僅縮短療程時間到1到2小時以內，相對患者的修護週期會比以往大幅減少，療效的維持時間也延長達2到3年之久。

吳醫師解釋，這是高風速輕輕地把表皮磨掉的關係。

從這次的體驗中，痛，我覺得有時是自己給的心理「痛」，而不是真正治療時所產生的痛。我曾幫過一個女孩去做經由儀器的醫學美容，結果儀器的探頭根本還未接觸到肌膚，她就因為心理作用怕得要命，先把自己嚇得半死，也讓診間裡的所有人為她流了一頭汗，因此在這次過程中我已有心理準備。同時，好的醫師會將他要做什麼動作一一告訴你，例如「我要開始了」、「現在可能會比剛才痛」，否則即便是有人打玻尿酸、肉毒桿菌素還是一樣痛到不行，我想這與醫師對人的了解以及給人心理的引導是很重要的。

當我完成儀器治療後，就進入敷臉與美白導入的療程。吳醫師也事先詢問我的生活作息與工作方式，我告訴他，我是一個必須經常搭飛機的人，經常往來各地洽談公務。了解我必須經常處於乾燥的機艙內與經常在外走動、會受到烈日曝曬，所以他在點滴內加入可以幫助我恢復精神的維他命B群、維他命C與某個成分（傳明酸），這個成分醫界本來是拿它用於凝血，但副作用卻是讓皮膚變白，就像當年威而剛原本是一個心臟病用藥，沒想到副作用會變「剛」一樣，算是老藥新用，不過醫師並不建議長期使用，否則萬一該來的月經，因為藥物的凝血作用而不來，可能會帶來更多的問題。

預後——每次淨膚雷射過程，從治療到敷臉、美白導入與注射美白針，治療一次約一個小時可完成，依我的狀況，大概每週至十天接受一次，每次醫師會依我個人需要而給予適度的處方。在治療期間，我也依照醫師囑咐，一週內不能擦美白品，只能擦防曬品，同時加強保濕。完成六次治療後，我臉上的斑的確消除不少，但我知道，原本該做的防曬保濕還是得繼續做，才能維持肌膚白皙與防止斑點再上身。

NXT新一代電波拉皮術

「薇姐，你的皮膚變得比較飽滿喔！」這是我剛完成電波拉皮後一週內，每個朋友見到我的反應。在試過了淨膚雷射後，針對我在意的臉部肌膚緊實與否，以及我最想要微調的受試目標——頸部紋路問題，這個目前仍讓所有整形醫師頭痛的問題，於是我又接受了電波拉皮的治療。

在還沒造訪李醫師前，我早已聽聞電波拉皮會讓人痛得哇哇叫，有人甚至需要先上一層麻醉藥才行。也許是我天生對痛的耐受度較高，加上我是抱著實驗的精神前往，為了要保持清醒與醫師對話，在進行療程當天，李醫師並沒有為我上麻藥，但有趣的是，她在我臉上轉印了一種具有專利的格線標記紙，能精確標記出每格三平方見方格紋。很快地，我臉上就佈滿了有趣的格紋。醫師為我解釋，貼上暫時性的皮膚標記的目的，是為了能讓電波可以更均勻的分佈在每一寸肌膚。我想，這樣就好比一件量身訂做的訂製服般，每一件都是獨一無二的，每個人都需要精準地量測，才能達到專屬於個人的美感。在經過皮膚標記的步驟後，醫師只在我的臉上塗上冰涼的凝膠後就開始進行。

電波拉皮的原理是以678萬赫茲的無線電波產生熱能，來刺激皮膚組織的膠原蛋白再生，使得皮膚恢復年輕、緊實的美麗外觀。術後沒有傷口、不需恢復期；一般而言，強度愈大熱度愈強，對於肌膚的破壞程度與效果也成正比，然而使用最強的能量可能會造成肌膚凹陷，所以最好在你能接受的範圍內，依我的親身經驗，我採用的是比「熱」再強一點的「微燙」。

至於「疼痛指數」，可能與每次開機時所使用的探頭發數限制有關，在有限的經費與要求效果下，一般都是採用低發數高熱能，當然每發在肌膚上所產生的疼痛情形可想而知了，難怪正常作法都會先塗上麻藥後再進行治療。當醫師告訴我，在同一面積下，以中低熱能來回多打幾次就能具有較高熱能產生相同的效果，所以我選擇採用多發數的方式。另外，值得一提的是電波拉皮正巧呼應著我微調術的中心思想，因為微調術的精緻美學概念為個人化的高級訂製服，完全為您量身訂做，不成為流行產業下的盲從者，電波拉皮正是如此。像我這次的療程設計，醫師傾聽我的需求與討論後，決定應用二種不同的探頭解決我不同的需求，第一顆藍色探頭能更深層作用，為我拉提臉部肌膚與緊緻輪廓，第二顆綠色的探頭能淺層撫紋，對付我在意的頸部紋路問題。每一寸肌膚都是經過醫師細心巧手下的成果，讓你保有成熟的韻味，又有著你原本年輕的容貌。

躺在美容檯上後，醫師給了我兩顆軟球，讓我在治療時握著，好讓她觀察我對於疼痛的反應而調整能量。同時，她也會根據經驗邊做邊告訴我哪裡會比較疼，尤其是靠近骨頭的地方她會特別叮嚀。我很快就適應了醫師的治療動作：先上凝膠，然後電波探頭接觸、發射電波。也開啟了我對臉上神經敏感度探索，並對照醫師口中所說的部位疼痛指數，所以整個過程對我而言，倒成了一項有趣的探索之旅。對我而言，臉頰邊緣處與眉骨附近，以及肌肉組織較少的脖子感覺比較痛。

預後——做完電波拉皮後，回到工作崗位上，同事與朋友都說我的皮膚變得比較飽滿。仔細一想，我並沒有出現醫師提醒的現象：前三天可能會出現腫、熱、痛的情況。至於拉皮的效果大約三至六個月就可以看見，並可持續約三至五年，但我想除了每個人都無法與地心引力對抗外，療效的長久與治療的頻率應該視個人的情況與經濟狀況而定，例如，有雙下巴的人可能得提早為下巴皺紋的出現預做準備與保養；雙手勤於勞動者可能也得多花心思做保養。為了延緩皺紋提早出現，我相信電波拉皮在各適用的年齡層上，應可提供該年齡層中最好的容貌保養，例如四十歲開始做的人，可能讓人回春到三十歲左右的光滑，五十歲能保有四十歲的樣貌，六十歲的人還維持近五十歲的容貌，這樣的回春效果，相信可以讓人找回自己曾經熟悉的年輕，保有自信美。

LPG纖體雕塑深層肌肉按摩

忙碌的工作與生活，常讓人沒有時間運動，即便我經常利用時間拉拉筋或做瑜伽，也覺得我的運動量不足，甚至覺得有些部位的肌肉無法鍛鍊到，當我知道有一種儀器可以幫助我解決這樣的問題，並且躺著就能享受被動式運動，我覺得這真是太棒了，假使我每週使用二次，不僅可以改善身體水腫問題，更有效促進我的血液與淋巴循環，甚至可補足我每天只做拉筋的運動量不足問題，那麼維持體態輕盈、身體更緊實應該就不會讓人感到那麼吃力了。

其他常見的微整形技術

微晶瓷——微晶瓷是一種輪廓塑形劑，對法令紋、笑紋、眼袋等凹陷紋路有良好的填補效果。除了填補凹洞，它可以還媲美玻尿酸的效果，注射於鼻部時，可以型塑自然直挺的鼻樑。

五爪拉皮——傳統的內視鏡拉皮手術為了固定鬆弛的皮膚，得靠醫生一針一針的將需要拉提的肌肉固定在骨膜上，因而有其角度的極限。而五爪拉皮是利用一種新式的五爪固定釘，因而可以更穩固的將肌肉提拉固定在骨膜上，且傷口較小，恢復的時間亦可縮短。

中胚層重建——這種技術是將藥物以微針頭快速的打入不同深度的真皮層，以此達到重建肌膚彈性，以及修復受損的肌膚等功效。而這種技術最特殊的地方在於，每次注射的藥量及成分，皆可依據患者狀況的不同而做調整，可以完全貼合患者的需求。

藍色動力光——這是一種低能量的二極體光源照射肌膚的療法。過去醫界較常見的有以紫色光治療乾癬、紅色光改善細紋的治療方式。至於藍色光，其波長波長約為四百一十五，可以之治療青春痘。

磨顏雷射——這種療法是運用鉺雅鉻雷射光束被皮膚之水分高度吸收的原理，準確的將皮膚最外層氣化，並以平頭的光束加上掃瞄器，進而準確的達到效果。這種手術可以去除皮膚上凹凸不平、暗沉等缺陷，使皮膚新生，刺激膠原蛋白再生。

磁波光——這種技術是利用利用非侵入性的光照療法照射皮膚表層，同時將磁波導入皮膚深層，以此去除去除細紋、斑點及礙眼的微細血管，改善膚色暗沉不均，並能縮小毛孔、緊緻肌膚、抑制皮皮脂腺分泌。不同於雷射以及其他光照治療方法，磁波光因為可以聚合傳導性磁波及脈衝光的能量，因此這種整形技術不會造成色素沈澱與熱傷害的副作用。

為了想了解這台ＬＰＧ纖體雕塑儀到底對肌肉產生怎樣的效果，我又發揮白老鼠的精神，前往診所一探究竟。ＬＰＧ纖體雕塑儀運用動力輪軸和負壓的吸引作用，可以搭配出超過300種模式的物理深層按摩組合，針對不同部位的身材問題，達到局部雕塑的效果。專利的三種不同動力輪軸模式，搭配不同強度及律動的方式即可讓人輕鬆雕塑完美曲線。

我認為，體重輕不等於瘦，唯有完美曲線才漂亮。假如每天騎腳踏車、游泳、跑步的人想雕塑局部曲線或對於運動量不夠，懶得動，甚至沒有時間運動的人，這就是一個很好的輔助器材，提供了另類的選擇。

我不禁要說，現代人真的很幸福與幸運，以前皇帝為求不老仙丹，派幾千人去各地找尋，卻依然對青春與美麗求之不得，但最近這幾年拜生化科技的進步，我們不就達成皇帝的夢想了嗎？在眾多醫學美容產品問世之際，就連美容儀器也是這麼人性化，讓人在維持年輕化上可有多元化的選擇。

飛梭雷射

現在使用儀器的醫學美容種類、方式實在太多了，而且可以針對臉上各種問題，例如痘疤、紋路、黑斑、暗沉、微血管擴張、毛孔粗大等問題，進行不一而足的微調。這次是用我的手去接受飛梭雷射體驗，而且是在上麻藥的情況下進行。

當李醫師在我手上塗上薄薄的染劑及潤滑劑之後，再上一層凡士林，就開始進行療程了。這次對熱的感受特別明顯，好像是一個火條般掃過，它的熱度相當於觸摸一杯熱開水的溫度，李醫師以一公分左右的熱源在我的左右手背上以直線方式進行掃描，當一手背由左而右做完後，大概是七道，會再重複掃描，每隻手掃描四次後，再換邊進行同樣的流程。大約在掃描第三次時我就能適應了。當療程結束後，我的右手已出現醫師口中的微紅與微腫，但左手似乎無動於衷，於是醫師再為我的左手補強。與前面幾次的情況一樣，我的手部並沒有流血或傷口，好像日曬過一樣，術後我同樣得冰敷，回家仍得加強保濕與防曬。

飛梭雷射主要是針對受到陽光中紫外線傷害，例如80%的皺紋與皮膚中的黑色素沉澱都與它有關，因此，舉凡日光性傷害造成肌膚紋理紊亂、色素不均、細紋、深紋與組織下垂等，甚至是青春痘疤、毛孔粗大、肝斑等，可透過它來改善，讓肌膚恢復彈性的觸感，且不結痂，讓肌膚回復年輕、細緻化。此外，對於一些年久失修的白色疤痕，甚至是燒傷疤痕也可以軟化改善。

飛梭雷射是分段光熱療法以直徑50-70微米造成多重微熱加熱區，促使表皮組織被凝結，但角質層結構完好，藉由角質細胞移行與快速排擠達到壞死屑與黑色素的清除，也就是可在短時間內達到換膚的效果。醫師告訴我，如果是治療全臉，僅會傷害15-20%皮膚，每次大約二十分鐘，頸部與手臂大約十分鐘，大概四週可接受第二次治療，一般接受三至五次治療可以見到很好的效果。

預後——一週後，我檢視自己的雙手，發覺手上的毛孔變小了，尤其被加強的左手情況更是明顯，小到幾乎看不見，手背肌膚變細緻了，只不過手背顏色比較深，但不會影響到我日常作息，我想等到二十一天後，我的手背上的肌膚應該是連細紋也不見了，應該是更緊緻才對，我會建議有痘疤或是毛孔粗大者做飛梭雷射。

常見的醫學美容項目一覽表

項目	玻尿酸	肉毒桿菌素	電波拉皮	飛梭雷射	淨膚雷射
作用層	肌膚真皮層	肌肉層	下真皮層 1-4.3mm	深入表皮與真皮層 0.3-1.4mm	上真皮層
主要效果	人體皮膚主要的保濕因子，是維持肌膚彈力與韌性的組合成分之一。	是一種從肉毒桿菌所提煉出來的神經毒素，阻斷了神經末梢的傳導功能，讓肌肉得到放鬆。	利用678萬HZ無線電波，加熱皮膚深層的膠原蛋白，促使其重組、再生、緊縮，達到緊緻拉提肌 膚效果。	紅外線的波長雷射，以奈米級的雷射光束，進行點狀式的無傷口磨皮效果。	以釹雅各雷射去除色素不均，移除角質，刺激膠原蛋白再生，調節皮膚免疫功能。
美容適應症	經皮下注射用來填補凹洞、皺紋、豐唇及墊高鼻子，尤其對靜態皮膚摺紋的填補效果較佳。	去除表情皺紋：如抬頭紋、皺眉紋、魚尾紋。臉形雕塑：去除國字臉、眉形調整。	皮膚緊實、除皺、改善橘皮組織。	去除肝斑、老人斑、曬斑等色素病變，除皺、回春、縮小毛孔、刺激皮膚快速更新置換與去除外科手術疤痕及妊娠紋。	細紋、暗沉、毛孔粗大、皮膚粗糙、青春痘凹洞、老人斑。
療程	每半年至一年打1次	視情況而定	1次	3~5次	6次
費用	1cc約2萬元。	單部位除皺6～8千元。全臉拉提3～4萬元。	全臉12萬元。身體依部位平均15萬元。	全臉2.5萬元 局部單次1萬元。	5次淨膚雷射＋5次美白導入約2萬5千元。

緊膚回春療程比較表

療程	電波拉皮（Thermage）	肉毒桿菌素注射	羽毛拉皮術	傳統手術	內視鏡拉皮（含骨釘）
方式	非侵入式	侵入式	侵入式	侵入式	侵入式
動刀	×	×	○	○	○
作用原理	以電波所產生的熱能刺激膠原蛋白之重組與增生。	阻斷神經傳導物質，抑制肌肉收縮。	將特殊縫線埋入皮下，提拉下垂的顏面組織。	切除鬆弛的皮膚組織並處理外凸的贅肉及脂肪。	以微小內視鏡，經由頭皮內小切口進行手術。
療程時間	1小時左右	10～20分鐘	30～50分鐘	2～3小時	3～4小時
改善部位	全臉、眼 周眼瞼、腹部、大腿、臀部、手背、手臂、唇周。	抬頭紋、魚尾紋及眉間紋等動態皺紋。	鬆弛的顏面及眉間眼部等組織部位。	皮膚鬆弛、下垂、深度靜態皺紋等部位。	抬頭紋、眉間紋、眉毛下垂、眼皮浮腫、皮膚下蓋、全臉和頸部除皺。
持續力	18個月～3年	4～8個月	1～3年	5年以上	5～8年
術後作用	立即見效且術後2～6個月間之效果更顯著	1週後較明顯	立即見效	立即見效	立即見效
恢復期	無	無	1週	1～2個月	3週
術後保養	一週內避免陽光直射、避免使用熱水洗臉、勿至三溫暖、溫泉及烤箱。	術後4小時內應保持挺直、避免按摩、熱敷。24小時內勿劇烈運動、勿至溫泉及烤箱。	初期臉部避免誇張之表情，不要用力搓揉洗臉、按摩。	5～7天拆線．術後冰敷3天再改成熱敷1～2週。	7～10天拆線。腫脹瘀血三週內熱敷消除。
副作用	極輕微之紅腫。	治療部位瘀青腫脹、頭痛、複視、表情僵硬等肌肉萎縮消瘦。	線頭外露、針口處凹陷、瘀青、埋線處的觸痛感等，術後動態表情不自然。	手術之相關風險如出血、感染等，會有明顯疤痕。	麻醉風險高，手術時間長，術後不能用力清潔頭皮傷口。神經及筋膜易被動到的風險。
費用	全臉12萬	全臉3萬以上	全臉12～18萬	全臉20～30萬	全臉25萬

PART 4

黃薇的10個微調術

跟著我一起做微調

常有人問我：「黃薇，要怎麼樣才能讓自己隨時保持在最好的狀態呢？」問我話的人，她們其實都有很好的本質，但可惜的是，不知善用方法來凸顯自己的優點。

我一直認為，每個人對美的感應力，會因為觀念不同而出現很大的差異性，例如，不太注重外貌的人往往大而化之；只強調臉部的人卻忘了全身其他部分也很重要；而太過注意細節的人，一不小心就矯枉過正了。會出現這樣的情形，我一點都不覺得意外。對於美麗，我們該學的東西實在太多了，如果不是我這麼多年來浸淫在時尚的行業裡，不斷地學習，我想，我也不見得比大家高明。就是因為我比別人幸運、在對的工作環境中歷練，我才有機會掌握住美的方向，隨時隨地做好微調，美麗自己。

為了讓大家用更輕鬆的心情，學習做好全身每個部分的微調，我就跟大家來分享我的私房經驗。這些方法雖然是我個人的，但不少是具有通則性，可作為大家參考。我希望讓我們一起來學習，把自己隨時準備好，就像每次會議前都得準備好所有資料一樣，唯有我們準備夠充分，才能隨時拿出最亮麗、最有自信的一面展現自己。

1｜HAIR｜髮型的梳理

小小一撮劉海的微調，就能改變臉型或整體造型，想起來真是不可思議。

打量一個人，我們常說「從頭看到腳」，這話說得很正確。頭，不只是指臉部，還包括髮型。如果今天頂著一個很糟的髮型出門，我相信你的心情恐怕會壞上一整天，那就甭提髮型和你的服飾或型款不搭調，它是如何讓你窘迫不安了。我們常看到報導，許多藝人怕走在路上被別人認出來，以至於選擇用帽子或超大的太陽眼鏡，遮掩凌亂的髮型，來爭取多一點的隱私空間，讓自己生活得更自在些，但我覺得，這反而把自己的形象搞壞了。因為，人們品頭論足，可是第一眼就是從髮型開始的！

對追求時尚、亮麗自我的人來說，髮型也有流行的風潮，但我建議不要輕易跟隨時髦起舞，而是要依照自己的年齡和臉型，來做長短、直捲、蓬鬆等適當的分配。切莫頂著不適合的髮型，反而顯得老氣、邋遢而不自知。以我個人的經驗，我不常變化髮型，卻很注重小小的變換或調整，而不是大幅度的剪、燙、染。我最常做的是，利用雙手搓熱後的餘溫，以手去順勢梳攏或挑鬆頭髮，這是利用靜電原理讓頭髮變順，讓可能已塌下來的頭髮再度活絡、蓬鬆起來。這個方法，對戴安全帽騎機車上下班的粉領族，應該很受用。

另外，劉海也是我在髮型上微調的重點。多少世紀以來，無論古今中外，劉海幾乎是不褪流行的基本微調，它可長、可短、可平、可參差不齊，或只挑出一小撮來剪；可以直覆旁梳，也可以往後夾成公主頭，營造出成熟嫵媚的感覺，或是孩子氣的青春氣息。小小一撮劉海的微調，就能改變臉型或整體造型，想起來真是不可思議。如果你額頭上有斑、疤或抬頭紋等瑕疵，劉海還有絕佳的遮蔽作用。

先前我曾告訴大家，如何認識臉型的黃金比例，這個美學概念在髮型的微調上也適用。配多大、多長的耳環，眼鏡的大小、寬窄，眼線的長圓、勾暈變化等，加上劉海的搭配，馬上就會有截然不同的手采。想要有所改變，卻又不知道怎麼變化的人，不妨試試劉海的微調吧。在鏡子前試著撥弄劉海，就可以玩出不同的造型和味道。這個有趣的微調術，你不要怕實驗它，它可以為你的面容帶來無限的可能。

如果已找到自己喜歡的髮型，且定於一尊，已形成了個人的招牌頭，果真是那樣，我建議她不要輕易變換；畢竟像英國女皇、戴安娜王妃等人在髮型上造就的獨特形象，也是一種鮮明的身分象徵。如果已對個人的招牌頭感到有點厭倦，來點新鮮感，又不想做大幅度改變時，這時候從髮飾上做微調會是一個很管用的作法，例如，隨意加一條和衣服色系很搭的髮帶或髮箍，或挑起一撮頭髮，用手指略捲一下或用髮夾扣住，或綴以裝飾性的髮圈、髮夾，或太陽眼鏡往頭上瀟灑地一箍，甚至於用一支筆在腦後把長髮轉一圈盤起來，都能達到微調的效果，讓人耳目一新。

拜科技之賜，染髮的技術與染膏已有大幅進步，染髮已不再是歐美人士的專利，近幾年來已成為流行的趨勢與時尚元素中不可或缺的一環。如果你懂得運用染髮來做臉部的局部微調，也會產生不少的驚喜。尤其是調整一下臉廓周圍的髮色，就能讓臉周的線條變得較柔和。甚至當人到達一定年紀時，當白髮冒出來時就會想要染髮了，這都是很好的微調例子。至於髮色太重的人，不妨嘗試局部挑染，就能讓你的整張臉頓時輕盈起來。值得注意的是，在微調的同時，也別忘了頭皮的保養和臉是同樣重要的，唯有髮質健康，才能散發自然的光澤和擁有良好的柔軟彈性。

同時隨著各髮品公司不斷的研發，從各種層次不同的顏色轉換，到各種整染技巧不時推陳出新，例如，有一種用噴的暫時性染髮粉，便十分好用，我就曾經用於臨時得出門，卻發現頭上的髮色不太對時就能派上用場；另外還有一款針對頭髮較稀疏的人設計的增髮粉，只要噴上後，即使其在頂光照射下，也不易察覺頂頭快禿或是見到發亮的頭皮了，重要的是還能增厚髮量，這對髮量少的人可是一大福音。當然如果掉髮太過嚴重或是想更進一步了解髮囊是否健康，也可以定期到皮膚科或是頭髮健診中心去檢查，同時也可以得知所使用的洗髮品是否適合等，這也是做好頭皮、頭髮微調的重要工作。

髮型的微調也可以自己試著變化，喜歡直髮的人，不妨剪成稍有層次感，或把參差不齊的部分剪成直髮，總之，改變頭髮的中長短度也是一種心情微調；若是直髮的人想來點捲髮造型時，試著在頭髮半乾濕的時候，自己捲一捲或綁一綁，第二天起床後再鬆開，就會讓人擁有非常美麗而自然的捲曲度。從小我就喜歡玩頭髮，我常拿著娃娃隨心所欲的給她各種髮型變換，有時還央求媽媽教我弄、幫我梳；大一點兒的時候，我就開始自己捲頭髮或自己剪，很少燙髮或染髮。也因此我的髮質仍保持著一定的健康度，有錄影需要的時候，我只要找熟悉的美髮師小修一下，就可以快速達到理想狀況，省掉花在整髮上的時間。

2｜SKIN｜肌膚之親

你可以調和一、兩滴在無味的乳液裡，把自己的身體當作調香師，隨時可依心情換香調。

皮膚，是我們身上最大面積的器官，皮膚上的毛細孔每分每秒都在呼吸，都在代謝；一整天活動下來，身體的摩擦與運動後的汗水，很容易產生髒污，阻塞了毛細孔，特別是衣服上的材質與色素，比較心細的人一定會發現，從一盆洗臉水或洗澡時身上沖洗下來的水，傳遞著許多訊息；有時就連脫穿衣服的瞬間，也可以發現衣服染料的色素滯留在臉上或身體上，更不用說衣服一整天穿在身上所沾染的色素了；色牢度愈差的衣物沾附在肌膚上的染料化學成分就愈多，殘留作用也不可小覷，適度的清潔肌膚格外重要，不只臉部肌膚，而是一整張皮膚器官都等同重要。

肌膚的微調最重視的就是個「適」字，適度的清潔和每天的環境與運動量有關，千萬不能每天去角質，因為皮膚需要一層天然的保護膜，來防止肌內水分過度散發。因此，當受了自然風沙吹拂或長久待在冷氣房時，就要為乾燥肌膚大量保濕補充水分；即便受了陽光曝曬，也要馬上進行保濕的適度修護；有人喜歡泡SPA或溫泉，認為一下冷水、一下熱水可喚醒肌膚的活絡機制，但是愈燙的水對肌膚刺激愈大，只能適時舒緩，並不宜長時間浸泡；而且一洗完就要馬上擦適量潤膚乳液。至於喜歡泡溫泉的人，泡好後是否要擦乳液則因人而異。因為溫泉裡通常含有礦物質，具有潤膚效果，這時如果覺得身上濕濕潤潤的，就可以不必再擦乳液，而有些人習慣泡湯後還要用清水再沖洗，或泡湯完反而會覺得肌膚乾澀，就一定要做好保濕潤膚的工作。

我想，上班族一定有過這樣的經驗，遇到傾盆大雨，弄得身上衣物和鞋子全濕了，一身黏膩地衝進辦公室。這個時候，建議你馬上去洗手間好好清洗一番，連頭髮也要一起擦乾，並且立刻補上一層乳液。你可知道雨水有多髒嗎？有一天我發現窗外潑進來的雨水，竟然是讓人不敢置信的深灰色，所以一定要先用清水把雨水擦拭掉。我相信，除了水帶來的清新感外，擦著含有淡香的乳液會產生不可思議的力量，給予你呵護與安撫的力量，就像是一種自己與自己的肌膚之親，有如親人或情人的擁抱與接觸，這種實質上的保養與維持，將會給你心裡帶來莫大的調整與舒適。

不只是雨天或熱天的即時清洗與滋潤，養成高度敏感的微調好習慣也是很有必要的。以我的習慣來說吧，只要是使用過化妝室，我一定會洗洗手，而且不只洗手腕，我會一直洗到手肘，夏天時我還會洗得更高，甚至到脖子和腋下。重點是洗完手，一定要擦一層乳液或護手膏，並藉著擦乳液的動作順便作適度的局部按摩，壓一壓各個穴道，隨身伸展四肢、扭動腰身、動動肩頸、鬆弛筋骨，精神煥發地走回去，因為淡淡的清香會使你頭腦清晰，心情愉悅，有時旁邊的人會同樣愉悅地說：「啊！你好香啊！」其實，就只是乳液而已；新的味道在進入空間時特別容易被察覺，如果我們可以隨時保持高敏感度，就能隨時調整自己在最佳狀態。

說到香氣，就要順便提一下香水的運用方法，千萬別在沒做好清潔工作的狀況下，企圖用大量香水掩蓋汗味，這樣做，反而會讓別人感覺不舒服；我講微調術，講究的就是微字，太濃郁的香水並不會帶來加分效果，反而讓人不敢靠近；不妨先擦在手肘內側試試味道，自己聞了舒服才會帶給別人愉悅感；如果怕香水一下子噴太多，你可以調和一、兩滴在無味的乳液裡，把自己的身體當作調香師，隨時可依心情換香調，這樣邊玩邊擦，不也挺快樂的嗎？

氣味不好，不只是讓人退避的濃香，還有讓當事人不自覺的體味，最常見的就是口氣，口氣絕對與飲食有關，喝了酒有嗆鼻的酒臭，抽了菸有難聞的菸味，吃了洋蔥、大蒜、韭菜、泡菜、燒烤等食物，口中容易產生異味，這時候就該拚命多喝水，一直喝、一直排，直到全部代謝掉為止；至於有體味的人就需要止汗劑來協助去除體味，同時要注意隨時保持局部清潔舒爽，最好能一流汗就趕快清洗，洗過馬上補一層乳液，會讓身心輕鬆很多，別人也舒服。

3｜FACE｜臉部的表情紋

要用意志力提醒自己，挑眉、皺鼻、瞇眼、扮鬼臉或哭哭笑笑的鬧情緒，都會造成臉部肌肉過度拉扯，留下痕跡。

臉部是所有人最關心的所在，我想全球的人願意盡其所能與花最多力氣去維護的就是門面；臉上所反應出的膚質狀況，很自然成為人們品評美醜的依據，特別是東方人認為白皙的肌質最動人，素顏、清透一點也看不出毛孔的肌膚就顯得美麗。其實毛孔粗大不僅容易顯出膚質不夠細膩，同時也可能是讓你的保養品吸收不了的關鍵。因為臉部的毛細孔扮演了皮膚組織的各種代謝，同時我們所擦的各種保養品中保濕或營養也要靠它吸收，所以肌膚的清潔和保養是同樣不容輕忽的，否則再好的成分、再頂級的保養品，如果沒有通暢的毛孔吸收能力，也無法進入皮膚組織內起作用，保養品也就白擦了。

肌膚的微調該從平日的清潔保養做起，早上的清潔與晚上的卸妝同樣不能忽視，並給肌膚所需要的適當營養，如維他命A、B、C、E等，如果基礎保養做得好，只要稍微補足就能常保所需要的柔嫩緊實效果，反之，長期不做保養，等到痘痘紅腫化膿、黑斑已然成形，甚至細紋已加深到變成固定紋時才想要保養，就得花加倍再加倍的工夫，不僅所費不貲，至於是否能達到效果也難說！

近年來，抗老醫學的研究指出，不只是二十五歲人們從高峰點開始走下坡的時候要做抗老，甚至於呼籲提前到十八歲就開始抗老；因為現代人的生活步調快、環境污染多、工作壓力重、情緒起伏大，這些都可能加速老化而不自知，其實，人和植物一樣，發芽、結苞、半開、綻放到凋零，都是必然的過程，但是，愈早開始抗老，就能將青春狀態延長愈久，而且愈好維持修護，這一切就在於平時養成好習慣保持微調就行了。

我很幸運的是，從小媽媽就給我養成基礎保養的好習慣，臉部的微調是從愈早開始愈好，從徹底而溫和的清潔，讓毛細孔暢達無阻，用正確的塗抹手勢與方向，由裡到外，由下往上的輕柔動作，給予化妝水、乳液、精華露與霜類的保養，維持臉上肌膚的油水平衡，適時補充真皮層流失的膠原蛋白與彈力蛋白，加上隨時都要做好防曬，因為紫外線是老化的最大殺手，防曬如果沒做好，擦再多再貴的美白產品效果都會大打折扣，甚至沒有作用。

另一個老化殺手就是皺紋，有些人臉部表情很多又很誇張，挑眉、皺鼻、瞇眼、扮鬼臉或哭哭笑笑的鬧情緒，造成臉部肌肉過度拉扯，每一次表情就會牽動臉部肌肉，就像一條橡皮筋，拉開、放鬆、再拉開，五年、十年的拉扯下來，時間久了，自然就會鬆弛掉了，形成的皺紋也就回不去了，所以，減少習慣性的表情紋也是一種微調，有的可以用意志力提醒自己減少慣性表情紋，但習慣養成就很難矯正過來，真的沒辦法，就只能靠打肉毒桿菌素等非侵入性的小拉皮等微調來改善了。

在做醫學美容時，好的醫生不會一下子給你打很多，只是微調式的針對要放鬆的肌肉紋路打一點點，稍稍修整一下，不會形成表情僵硬不自然的狀況，而是讓你無法再去牽動那條肌肉，很自然的慢慢改掉原有的做表情習慣，這樣才可以看起來像自己；當然無論是打針、雷射、光照、儀器、拉皮或手術，每一種微調整形都有它必須遵守的遊戲規則，也就是術後的休息保養，療程的漸進式推進和劑量息息相關，千萬要耐得住性子配合醫師指示等待復元，太急而自作聰明的揠苗助長，只會帶來反效果，醫療糾紛就沒完沒了了。

4｜NECK｜頸部的呵護

連結雲鬢俏臉和優美身體曲線，無論穿衣或髮型，表情或動作，都是一貫性的視覺帶動焦點。

不管是美容保養品業者，甚至整形科、醫學美容的領域，頸部的線條是很讓人頭痛的領域。多數人只注重臉部的保養，卻容易忽略了脖子的保養，事實上，頸部線條是相當具指標性的青春美麗評分標準，古今中外的美人圖裡，或回眸、或低首、或轉身、或仰望，莫不以頸項之美而贏得讚賞驚嘆，它連結雲鬢俏臉和優美身體曲線，無論穿衣或髮型，表情或動作，都是一貫性的視覺帶動焦點，而且頸部的大動脈與各種神經叢束也控管了重要的生命樞紐，保養頸項的健康、靈動、活絡、柔滑、淨白，絕對不容輕忽。我認為它是臉部肌膚的延伸，所以在保養時，也要一路兼顧。

頸部肌膚是最容易積藏污垢的，不信試試看，只要從外面進到室內，拿一張化妝棉，沾一點兒化妝水，向脖子上擦一擦，馬上就會發現那張化妝棉一下子就黑掉了，因為有時候會流汗，尤其是穿黑衣服的時候，另外，常騎機車的女性，脖子那圈常常是灰灰黑黑的，又不能太用力清洗，一洗就變成紅紅的，由此可見頸部肌膚很脆弱。而「清」的動作也是一種刺激，可以喚醒頸部的肌膚。「火雞脖子」會讓人一眼就看穿年齡，擦多厚的粉都無法遮掩，即使是在科技如此進步的整形技術上，脖子如果多皺鬆弛、橫紋深黑，也很難用任何手術去切除拉緊或注射放鬆，甚至後頸也常被忽略，這一處肌膚因為被陽光長期照射，想要柔嫩美白也很難改善，唯一的方法只有靠平日的多保養、多呵護、多運動。

我的方法是平時在擦保養品時，一定從全臉延續擦到脖子，甚至於前胸和後頸，一路呵護下來，把它當作臉的一部分，給頸項和臉部同樣細緻的保養，尤其是在擦防曬品時一定會擦到脖子，絕不遺漏；如果使用面膜敷臉時，一定也連頸項一起敷，才不會出現兩截不同的膚色；平常會定時給臉部溫和去角質，也同樣一週要為脖子去一次角質，再擦上適當的保養品，擦的時候同時做柔軟的按摩動作，不時活化它、放鬆它，以免讓久坐電腦前或伏案於辦公桌前造成肩頸僵直，失去了線條的頎長優雅，頸脖的肌膚才能常保細嫩柔滑。

想要讓肌膚美麗，運動也是不可或缺的一環，平時在洗澡時，我會拿一條柔軟的毛巾托在頸後，慢慢的往左上方拉，再反方向往右上拉，反覆多做幾次，不但可促進頸部血液循環，同時也能達到肌膚緊實，同時也伸展鍛鍊了大臂肌肉，讓人擺脫「蝴蝶袖」的威脅；當然，睡覺時枕頭最好不要太高，因為頭部和頸部的角度如果不自然，日積月累的結果也會形成雙下巴。至於平時，我只要有時間、機會，就會常常做一些轉動脖子與舒緩肩頸的簡單運動，讓頭頸部位的肌肉放鬆，線條才會柔美自然。

5｜FACIAL FEATURES｜五官的修飾

光是靠「一白遮三醜」的臉部肌膚保養還不夠，對於長在臉上的五官也要殷勤保養與修飾，才算是真正做到臉部微調。

眉形——這是一個需要人相當用心經營的化妝重點。眉毛粗濃厚重容易讓人覺得眉頭深鎖，雜毛叢生也會讓人失去優雅，所以，眉毛一定要整理修飾清爽，並把兩眉之間的雜毛修掉，眉心修開一點；乾淨的眉形能讓整張臉開朗又能讓人開運，修剪過的眉毛再用眉筆勾勒出微彎的弧度，也往往會讓整張臉顯得神清氣爽；天天眉開眼笑，運勢就會特別好。

過去，我曾經採訪過法國巴黎麗都的舞者，我發現她們的眼睛都非常大，仔細一看才察覺原來她們把眉毛剃掉了，把眉毛畫得高一點；加上貼了三層假睫毛，馬上就比原來的眼睛大了一半；當然，她們這樣做是為了強調舞台效果，一般人是沒辦法如法炮製的。

倒是古人形容的「畫眉深淺入時無」詩句，滿可以做為眉毛的時尚指標參考。無論是柳葉眉、彎月眉、圓勾眉，或是顯得比較年輕的自然眉，每個年代各有不同眉形的流行風潮，最簡單的方法，就是只要你能找到有美感經驗的美容師，讓她依照你的臉型修出最適當的眉形，以後你只要時時微調就行了。雖然有人喜歡以拔眉毛的方式來修眉，我倒不贊成這麼做，因為這會讓你在年紀愈大時，眉毛會變得愈少，倒不如利用一些修眉小道具。我曾經在日本買過一種很細的小電動修眉刀，非常安全，雜毛一長出來就能處理掉，很容易維持眉形，根本不用為了拔眉而傷腦筋。

眼睛——它是靈魂之窗，也是一個人的精神所在，眼睛的大小和美麗與否，其實沒有絕對的關係，美麗漂亮並不是非去割雙眼皮不可，其實單眼皮也有單眼皮的味道，這一點，從我常出國看服裝秀就觀察到一個現象：東方模特兒因為擁有古典美的鳳眼，在舞台上特別吃香，最為老外欣賞而心動。如果非要雙眼皮不可，那我會建議使用品質好的美容膠帶來貼，造成雙眼皮的效果，想要多大的效果，可以在膠帶上多割幾道不同的寬窄來試試看，一直到最自然、最滿意為止。

很多人為了要讓眼睛炯炯有神會使用假睫毛，因此，如何選用假睫毛也很重要，在黏貼時一定要注意，不要讓膠水傷害到眼睛或眼皮，甚至體質對膠水過敏，膠水在使用前最好先在皮膚上測試一下，過一陣子沒有不良反應再黏貼；假睫毛戴久了也得讓眼睛充分休息；晚上卸妝時一定要把眼影、睫毛膏、假睫毛都卸除乾淨，千萬別讓眼睛帶著殘妝入睡；當然還有一種很方便的方法就是運用種植假睫毛的方式，它的優點是看起來比較自然，但價格稍貴，還得小心會不會發炎，或時間久了脫落，或是出現睫毛倒插的風險。

值得一提的是可能有很多人不知道眼鏡配戴得當，也是另一種眼睛的微調術，而且是一種可以讓人快速改變造型的方式！從有無鏡框、鏡片有無顏色，到鏡框是方、是圓，或是貓眼式的多邊形，都能改變臉型輪廓，甚至於有很多人只為了達到整體造型或裝飾效果而戴上無度數的眼鏡。我曾經幫一位宅男做造型，只不過是利用黑白相間的眼鏡，就讓他變得很有型，很有個性，甚至於多了一些幽默感；而我深信眼鏡是值得投資的造型品，尤其是我們女性朋友，當出現老花眼時，更需要好看的眼鏡為自己的美麗加分。一般來說，眼鏡的消費不大，作用卻極大，既實用又可裝飾，可以多買幾副，而且是值得好好投資。

選眼鏡也有幾個原則。在比例上，眼尾到太陽穴的最佳距離是1.1696倍，臉型狹窄的人可以戴稍寬一點的眼鏡；大臉的人較適合無框或細金屬邊；有邊框的眼鏡最好齊眼或齊眉，不要在眉眼短短的距離間形成很多道線條；還有容易被人忽略的是，鏡架部分一定得穩穩架在樑上，太寬容易鬆脫下滑、太窄會壓迫鼻樑造成不舒服，而且會使鼻子兩側的肌肉凹陷、紋路加深，就容易顯出老態來。

鼻樑——由於鼻樑的位置佔了臉部的中心位置，向來是視覺的焦點，在這方面，我們東方人就比較吃虧。鼻樑不夠高、不夠挺，鼻翼太寬、鼻頭太扁、太大或鼻孔朝天等情形都很常見。但是鼻子的形狀是天生的，在還沒考慮做整形手術前，我們可以從清潔與保養上多下工夫來微調。例如，鼻頭布滿黑頭粉刺、毛孔嚴重堵塞而造成鼻翼旁都是紅腫面皰，或是毛孔粗大如橘子皮，這些現象都應該儘量避免，如果能維持乾淨清爽，相對地，鼻形的美醜就不會那麼引人注意。

近年來，微整形手術的發展十分迅速，要把鼻子墊高、鼻翼修窄或將鼻孔拉下，甚至要像奧斯卡影后妮可基嫚的鼻頭般可愛微翹，在技術上都不成問題，但前提是一定要找到好醫師，事前做好溝通，問清楚填充的內容物是什麼？要做多大的改變？有沒有後遺症？術後如何保養？才能讓微整形後的鼻子自然挺俏，而不會和臉型完全不搭，讓別人認不出你來。

唇形——同樣的唇形也要和自己原本的五官適配才行。有人明明眼睛不大，卻去注射玻尿酸，豐潤出一張性感的厚唇，這樣看起來就顯得不協調；其實要把唇形微調到最好，可以不必動手術，只要在化妝術下工夫就行了。利用各種護唇膏、口紅、唇彩、唇蜜等彩妝品，就能畫出一張豐潤飽滿、立體感或是有果凍般的光澤性感豐唇，但是一定要注意畫出來的唇妝必須搭配全臉的妝效。即使完全不上妝的人，只要淡淡的點染接近膚色的粉紅系列，就會產生很好的效果，若是在素顏上卻畫了一張豔紅誇張的唇，就會顯得不搭調；相對的，眉眼已畫了厚重眼妝，又戴上長長假睫毛的人，如果只畫個淡色的櫻桃小口也很怪。因此，我建議，要多備幾款不同色系的口紅或唇蜜，看場合搭配服飾隨時試妝，經常玩顏色，注意冷暖色調的妝容不要牴觸，只要用兩、三種顏色相加混用，就能微調出令人滿意的唇妝。

唇妝固然能用高明的化妝術來美化，但它基本的保養也不可輕忽，有許多人因為乾燥而出現唇紋，即使塗上再多層唇彩仍舊顯得乾裂，此時一定要多喝水，改善唇裂情形，即使脫皮、脫屑也不要用手去撕，以免撕到流血，最好用護唇膏來保持嘴唇的滋潤；另外，唇色殘紅就容易顯出倦容，如果真的很累，就不要塗抹太搶眼的紅唇，以免視覺焦點都落在臉上，反而暴露了缺點，帶來反效果！

牙齒——臉部的微調，有很多人會忽略了包覆在嘴唇裡的牙齒，它佔了臉部的三分之一，所以父母總會希望孩子擁有一口整齊的牙齒。以前大家都等牙疼讓人受不了時才肯去看醫生，現在牙科卻生意興隆，不僅補牙、拔牙，還進展到牙齒的整形美容。舉凡牙縫大、暴牙、虎牙、歪牙、黃板牙等都可以矯正，以小S為例，大家可以明顯看到她戴牙套前後有多大的不同，她的臉型變得不一樣了，人變得美了，當然，人也變得更有自信，難怪她的演藝事業愈走愈順遂。

牙齒排列除了美不美，它的健康狀況也會直接影響嘴型與口氣。有牙周病的人如果不治療，就會漸漸因牙周腐蝕、牙肉萎縮而造成臉歪眼斜；睡眠會磨牙的人或是習慣只用一邊咀嚼的人也會出現臉型左右不一的情形，所以口腔衛生及牙口健康一定要注意保健。我的微調之道是：定期洗牙去除牙垢，並且隨身帶牙刷，隨時微調保潔，在刷牙時連舌苔也要順便刮一刮，讓口氣芬芳，美齒潔白動人，如果發現牙齒流血，就快看醫師，記得有健康的牙齒，也能為美麗加分！

耳朵——認真說起來，耳朵沒有什麼特別的好看與難看之分，就算是明顯的大招風耳，都可以用頭髮來遮掩，並不會讓大家放太多注意力；但是，耳環的選擇和運用可就大有學問了。耳環的款式與個人的臉型、個性、裝扮及將出席的場合息息相關，搭配合宜的耳飾，可以讓臉蛋和整體造型大大加分。因此，這部分的微調依然脫不了適時、適性，太搶眼或太誇張的耳飾都不合時宜；另外，身材嬌小的人就不要戴長條形的耳環，有著豐頰大臉的人就不要戴厚重寬大的一大串，在正式會議的場合也不要太閃閃發光，如果是在戲水、運動時也不要戴會影響肢體動作的耳環，這些都是很基本的認知囉！

6｜BREAST｜胸部的造型

除了按摩，還有一個小秘訣，穿胸圍小一號或選擇小四分之三的半罩式或斜罩式罩杯，會有托擠、膨脹的效果。

大部分的人都有一個迷思，總以為大就是美。但首先要釐清這些迷思，加上乳癌是女人一大殺手，因此一定要先建立對乳房正確的觀念。隨著時代的不同，女性對胸部美感的定義也漸漸轉變，過去，在東方、西方都曾有過刻意把胸部綁起來的時期，那時候認為平胸甚至雞胸才有美感；近代由於歐美崇尚自然、不受內衣的拘束，進而帶動了「波大為美」的迷思，呼之欲出的高峰被當作最性感的表徵；然而到了二十一世紀，審美觀逐漸成熟，已不再流行大胸脯美女，隆乳裝填拚罩杯的時代已經過去，取而代之的是恰到好處的托高、集中不外擴，飽滿有型但無副乳就算是完美了。

特別是在東方人眼裡，胸型的完美在於和身材肢體的比例協調，大小適中，乳房膚觸要柔嫩淨白，雙峰圓潤堅挺，不鬆垮下垂，也沒有皺褶或斑點。胸部的漂亮與否與衣服的形狀有很大的關係，但是袒胸露背除外。由於乳房的形狀是透過衣服可以看出，因此可以透過胸罩或是一些外來品而改善。至於乳暈大小與乳頭顏色屬於私密空間，屬於每個人的選擇。沒有完美可以追求的。至於我個人的保養依然是以微調為準，平日就養成適度按摩乳房的好習慣，只要皮膚沒斑點，光滑細緻就是美。

除胸部的保養外，選擇一款好胸罩也很重要，胸罩與胸部大小不是絕對的。不論是變胖、變瘦，胸圍大小都要隨時調整，只要摸到胸罩上有肉肉被擠出來，就是內衣的胸圍不夠該換一件了；選胸衣第一材質要好，以能夠吸汗吸熱，透氣舒爽而不傷肌膚為原則；其次，在罩杯的選擇上，試穿時如果肉嵌出來，表示胸圍是不對的，罩杯是否正確以胸部是否可以全放入為準，與胸部有距離時表示胸罩太大，至於是否需要托高集中則是見仁見智，不見得每個人都要托高集中，視你穿衣服而定，罩杯與胸圍是不一樣的，A、B、C、D是罩杯，32、34、36是胸圍，基本上罩杯是不會有變化，除非是體重變化太大了。

想要讓視覺上看起來變大、乳溝變深，我提供一個小秘訣，那就是穿胸圍小一號或選擇小四分之三的半罩式或斜罩式罩杯，小罩杯會有托擠的效果，而半罩杯也會讓視覺上大一號，我絕不穿那種奶媽罩杯，但運動時，就穿全罩杯，同時肩帶要貼近腋下，可以避免副乳的出現。這樣做，會形成自然的托擠作用，讓胸部看起來飽滿豐厚，即使不隆乳，也可以擁有大有可觀的完美胸型。不過，我也想提醒愛美的女性，塑造波濤洶湧的效果之餘，看場合穿衣服亦是十分要緊的，不恰當的袒胸露乳，可是非常失禮的，不但無法帶來美感共鳴，還可能貶低了自己的身價，被人評為「胸大無腦」的話，豈不是太不值得了嗎?!

7 | WAIST | 腰線的無限風情

女性常穿高跟鞋，不僅訓練了走路的姿勢，也可以款擺出韻味十足的律動來。

盈盈可握的小蠻腰，也是女性曲線優美的重要指標，為了追求這十八吋的纖纖楚腰，古今中外的美女都卯足了勁全力營造，讓大家印象最深的，應該是好萊塢電影《亂世佳人》裡，女主角郝思嘉兩手扶著床柱，請女傭拚命拉緊束衣棉繩的畫面，這經典的一幕正說明了美女們為了好身材所付出的代價的確令人佩服；因為腰身的纖細可以修飾出柔和的線條，苗條的腰身也會釋放妖嬈動人的韻味，尤其是名模走秀特別扭動腰身的一字型誇張走法，正是要凸顯腰線之美所帶來的無限風情。

其實，要保持纖腰的不二法門，依然是微調術。要如何微調？一是運動，二是飲食，腰身的靈活緊實和運動有絕對的關係，在我們的腰側和大腿一路下來有著膽經，平時只要隨意敲一敲，就會覺得酥酥麻麻的，特別舒服，隨著運動的節奏扎實拍打，並且做一些向前俯身、往後仰，向左向右彎身的動作，每個弧度都要做到極致，直到再也彎不下去才停止，周而復始的往返多做幾遍，就能使腰身沒有任何贅肉，甚至於胃部與小腹也會趨於平坦緊實；還有一種值得推薦給大家的運動就是熱瑜伽，它可以讓人快速排汗，達到全身線條柔和緊實的目的，若再配合腹式呼吸法，促使新陳代謝加快，脂肪就不易囤積在腰腹上了，但我建議最好是找一對一的瑜伽老師，不僅可以教得正確，而且學習的地方空氣流通、心緒平穩，回家練習的時候也比較不會出錯，更不會因為人多擁擠、五味雜陳而影響學習效果，失去了做瑜伽的樂趣。

至於飲食，仍然要注意「四少」：少糖、少鹽、少油與少熱量，定時定量不要暴飲暴食，萬一吃了大餐，下一餐一定以清淡少量補回來，不要把胃撐大變成胃凸可就不好了，同時也不要久坐不動，容易形成「大腹婆」。胃凸出、肚子臃腫，就不可能有腰身線條，而且，人都會有只要吃多了就不想動，而不動就容易囤積脂肪，這是很恐怖的惡性循環。

我個人在腰部的微調上對於腰身線條特別重視，雖不是特別著重於要求纖細的程度，但也絕不容許自己放縱到沒有腰身。我想，衣服是很好的約束力，即使不像郝思嘉那樣穿束腹和馬甲，也要注意多穿裁剪合度、線條明顯的衣服，不要穿太寬鬆的衣服，如運動服或休閒衣，就容易使我們失去警覺心，腰身慢慢變粗而不自知，等到裙鉤都扣不上了才想到要減吋，那就太痛苦了；所以微調術用在保持腰身苗條上非常重要；有人養成習慣穿調整型內衣，讓有彈性的機能布料約束自己少吃一點，同時也能控制提拉肌肉的走向，是很好微調的工具。

還有一個讓腰身挺直、保持苗條的好方法，就是穿高跟鞋。適當的高跟鞋會讓人不知不覺地挺直腰身，達到身體的重心平衡。女性常穿高跟鞋，不僅訓練了走路的姿勢，也可以款擺出韻味十足的律動來。

8 HIP 臀部UP UP的秘訣

希望身材變好而不怕被緊繃綑綁的人，可以嘗試長期穿束褲來約束自己的肌肉不會鬆弛與下垂。

和腰身一氣連動的臀部，是女性散發性感魅力的一大關鍵，卻經常被我們忽略了它的重要性。只有腰線與臀線的連結得宜，起伏有致，才能造成玲瓏曲線。如果是腰小臀大的梨形身材或是臀部過於渾圓的蘋果形身材，兩者都不屬於美好身形，甚至於穿旗袍時顯露出葫蘆腰身的葫蘆形，也都不算是理想的曲線。我認為，最好的曲線應該是渾然天成的三圍比例，恰到好處的流暢緊實之外，臀部肌肉還要微翹才夠迷人。鬆垮下墜或呈方形的臀部，怎麼穿衣都無法讓人產生性感的聯想。

讓臀部UP UP，唯一的方法就是運動，最好也最簡單的做法，就是站著的時候用力吸小腹，靠著腹肌經常做縮肛提臀的練習。這樣臀肌可以有力收縮，對於膀胱、尿道等泌尿系統的保養也有效果；平時在辦公室或在做家事時，可以雙手扶著椅子，保持上身的挺直平穩，做向後抬腿的動作來訓練肌肉，左腿、右腿輪流做，臀部就能慣性的向上提，順便也可以緊實腰線，甚至能使小腿變修長，不易形成蘿蔔腿；許多的熱瑜伽動作也能使臀部肌肉向上提拉，例如大腿拉直或向後向上的坐姿與臥姿，也能訓練臀部曲線柔美，總之多做伸展運動的確是形塑腰臀曲線和保持身體活力的微調術。

至於在穿著上，要雕塑翹臀也是可行的。十八、十九世紀的歐洲仕女們，發展出「臀部後翹」的時尚風潮；她們在蓬蓬裙中穿上束褲，束褲裡再放上一、兩個水餃形狀的臀墊，來美化臀部的線條。但現在我們已不時興這樣做了，倒是很多人是想要塑臀，坊間有很多調整型內衣與機能性束褲，也是可以善加利用的。希望身材變好而不怕被緊繃綑綁的人，可以嘗試長期穿束褲來約束自己的肌肉不會鬆弛與下垂。而訓練翹臀式的走路方法，最好是穿夠高的高跟鞋，一旦我們保持上身的挺直，臀部自然就會向後翹起，散發出迷人的手采。

9｜HAND&FOOT｜勻稱四肢的運動

平時多舉啞鈴、勤甩手、做重力訓練等，或是在容易變鬆、變肥的地方勤加按摩與多做緊實運動，都是不錯的方法。

從臀線向下看，一雙堅實渾圓的大腿和曲線柔美的小腿是女人夢寐以求的線條，但是受限於遺傳基因，身高有時無法稱心如意，醫學上也沒有好方法可以動手術抽高或拉長，所以保持四肢的勻稱就顯得格外重要，只要比例正確，纖穠合度，就是一種「增一分太肥、減一分太瘦」的勻稱美，此時，是否有名模的修長身高和輕盈纖瘦，就已不再是那麼重要了。

我曾訪問過北京中央芭蕾舞團的團長，原本她是團裡的明星台柱，但隨著年齡的增長後也結束了舞台生命。但令人吃驚的是，才幾年不見，我驚覺她變得很不一樣，不僅頭變壯、臉變大，過去緊繃的身材嚴重變形，連肌肉也鬆弛下垂。後來想想，那就是驟然停止大量運動所造成的後果。從這個例子來看，肌肉的訓練一定要微調，才不至於變成肉「鬆」族。

因此，如果覺得自己的身形是鬆垮的，就從運動中把不好的身形微調出來，而原本已勻稱的身形又該如何微調？我覺得平時多舉啞鈴、勤甩手、做重力訓練等都是不錯的方法，同時在容易變鬆、變肥的地方勤加按摩與多做緊實運動，並且養成在運動中找出生活的樂趣來，這樣才能持久；洗過澡勤抹瘦身霜，也是訓練出一雙「藕臂」的微調行動。

除了上臂肌肉要運動外，肌膚光滑也很重要。這就是我常說的，平時身體也要多保養，經常要記得擦乳液。

纖纖玉手的保養也不可輕忽，有人臉上雖然保養得不錯，但當她把手一伸出來，青筋浮凸、布滿皺紋，可就遮掩不住年齡了。手的微調其實很容易，簡而言之，就是「勤快」二字。像我在平時洗完手後，一定會擦護手膏，天冷容易乾裂的時候，就選用油性的護手霜，甚至戴手套保暖；夏天在冷氣房中做好保濕，而外出時的防曬更不可少。就算是開車，我也常穿長袖，或是戴薄手套防曬。

在手指的微調保養方面，為指甲上色，向來是我很愛玩的一種遊戲，但我不會沒有節制，一定會給指甲更多呼吸的空間。現在非常流行指甲彩繪，貼上灑金鑲鑽的假指甲，或層層疊疊的彩繪，加上花朵或圖案，雖然使指甲多了一些色彩，但是，指甲也是皮膚的一種，適時洗掉指甲油，給指甲一點休息也是必要的。

擁有緊實修長的一雙美腿總是會讓人稱羨的，

在腿部的保養上同樣要多運動，我長年的保養方式是，躺在床上，將雙腿高抬，騰空做踩腳踏車的動作，我發覺這是美化腿部線條不錯的微調方式。至於平時有空時就多抬腿與多按摩腿部，不要讓水分積存在腿上，造成小腿的浮腫；多利用休息的時候讓小腿微微抬高，利於血液循環，這幾個動作都能使大腿結實、小腿修長。

除了腿部曲線，我特別注意的是足趾和腳後跟的保養。常常看到外型時髦的人，趿著一雙拖鞋，卻有後腳跟脫皮或龜裂的情形，甚至顯得黑黑髒髒的，彷彿永遠洗不乾淨，使得整體造型大為扣分；有這樣的情形發生時，請趕快用磨砂膏來去除足跟老廢角質，修整足下的厚皮、死皮，多擦滋潤性較高的乳液、多穿襪子與多做足底按摩，尤其是小腿上的足三里等穴道的按壓，使血路活絡，都能改善後腳跟的狀況。

另外，選擇一雙好鞋也非常重要，它會影響腳形與健康，千萬不要因為小鞋樣式美而削足適履。我年輕時因為愛漂亮而穿高跟鞋去上班，回家後腳趾就留下一個無法去除的疤，讓我媽看了好心疼，她一直提醒我，買雙好鞋很重要，當然像這種會打腳的鞋子，就不要了。但是我發現有很多人是用自己的這層皮，去撐大鞋子那層牛皮，把腳趾磨得紅腫、破皮或擠出雞眼，那是很不划算的。但我也不會鼓勵一直穿球鞋，因為無法看到腳形的變化，女人就應該對於各種鞋子都要勇於嘗試，不管是真皮或塑膠皮，高跟低跟等，試了之後仔細體會當時你的感受，例如你可能一輩子都不可能穿上塑膠鞋，但試過後，因為它不適合，也就不會在你鞋櫃出現。此外，在試穿鞋的時候，如果覺得很緊就不要買，因為它永遠不會變鬆。能穿一雙舒適的鞋，更能體會腳踏實地的生活況味，我覺得這也是一種嘗試人生百味的身心微調。

穿鞋要舒適、合宜、不蹩腳。平時穿慣運動鞋、拖鞋的人要特別小心，因為這樣的鞋子，容易讓我們的腳趾變得開開的，腳趾頭之間的縫隙增大，讓自己的腳看起來不夠秀氣，在夏天穿露趾性感涼鞋的季節，就容易暴露出缺點來。懂得把腳趾修剪乾淨，擦上一點保護的指甲油，或上一層亮光油，顯露原本的健康色，這樣才能把你的走路風姿，展現得更優雅、更有美感。

10｜DISPOSITION｜明星氣質的養成

凡事只要真誠以對，不要太過依賴，時時讓自己處在微調情況下，有修養而不放縱，自然就能培養出自己的明星氣質。

全身都懂得細心用心的做微調，就能隨時做好準備拿出最好看的一面，也就是渾然天成的明星氣質，明星多半有一種自發性的光環，散發出自然吸引人目光的個人魅力，每天看著會發光的人，做著會發光的事，有能力、有智慧、有迷人特質，折射出的光芒會帶給周遭的人同樣討喜愉悅的心情，那就是自己的明星氣質，自己的光；讓人有想像空間而願意親近、願意攀談；喜歡她的穿著打扮，喜歡她的舉手投足，正如愛聽會說笑話的人談笑，愛看文筆豐富的人的好文章，透過種種優點讓自己魅力十足，在視覺上有說不出的好看、耐看，或是懂配色，或是線條好，或是比例美，或是會裝扮，散發出毫不做作的氣質來。

是的，「真」最重要，認真的女人會「誠於中而形於外」，一個人心術正不正，態度是否誠懇，是敷衍或應酬，對人是真心或假意，都能分辨得出來。所以，不論多麼會裝扮，所有的條件加總起來就是一種自發的氣質，有些人雖有明星架式，但心高氣傲，粗魯耍大牌，受歡迎的程度就沒有沒沒無聞卻認真的小角色來得好，看起來也就不覺得真有那麼美；人紅，受歡迎，內在外在的條件都要配合得好，除了自身天分與努力——蔡依林就是一個明顯的例子，更重要的就是一個「真」字；認真做自己，謹守中庸之道，過與不及都不好，不要太露也不要太保守，只要覺得得體、舒適就好，不要太在乎別人的批評或恭維，對於旁人的批評，有道理就改進，沒道理也不沮喪，一笑置之，可以很自在，很自信！唯一就是怕恭維到得了水腦症，還以為全世界只有自己咧。

自信的真女人不會隨別人的言論而起舞，不容易被擊倒，更不會在別人的口中找尊嚴，把自己調整到最正常的心態看待一切，享受一切，當然也就可以不在乎有多少掌聲了。記得我生平第一次上台致詞時，緊張到牙齒直打顫，腦中一片空白，該說的講稿全都忘了，我一直捏自己的肉，讓自己不要緊張失常，燈光已經打在舞台上了，還有兩分鐘就要上台，發行人看出了我的慌亂，走過來摟一下我的肩膀，說聲：「還好吧？沒問題，只要開口講話就好了！」這幾句話當下讓我心安，情緒就穩定下來，去除了得失心太重的心理狀態，反而不再打哆嗦，深呼吸，笑一笑，一切慢下來後，腦中背的所有講稿就都回來了，可以真情流露的掌控全場氣氛。

我，不是明星，只是凡夫俗子，凡事只要真誠以對，但也不要太過依賴，時時讓自己處在微調情況下，有修養而不放縱，自然而然就能培養出自己的明星氣質，相信你也能做到，讓我們一起努力。

PART 5

台北微調術地圖

漫步微調之都

台灣擁有優良的醫療傳統與醫學科技，在這波「微調」風潮中，自然也不缺席，迅速發展成為亞洲微整形重鎮。

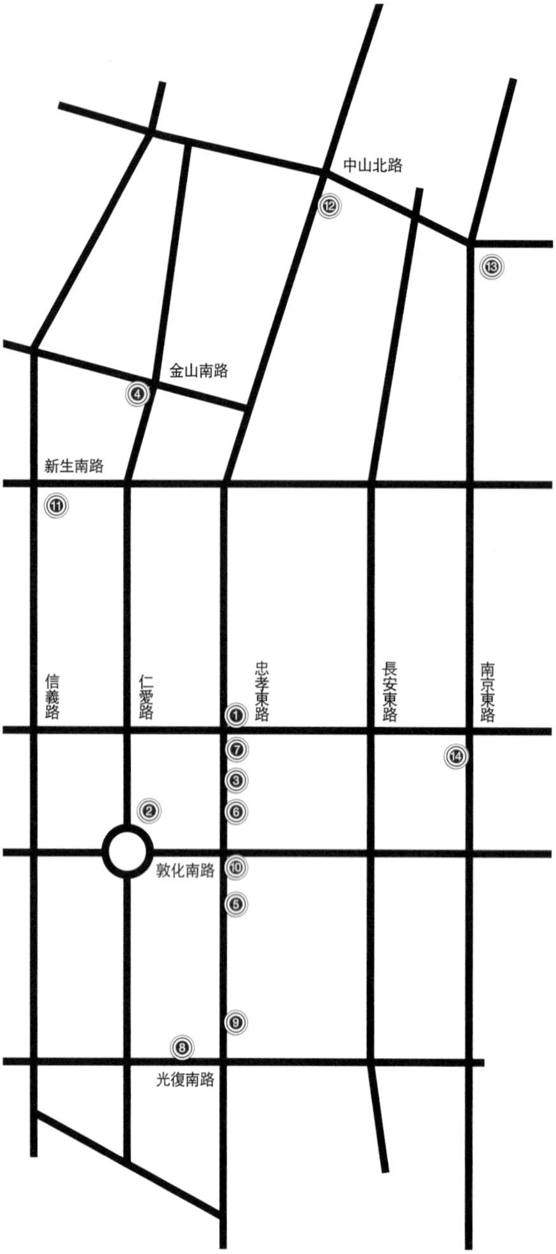

1 微整型診所

精緻手術輔助玻尿酸、肉毒桿菌。

醫學中心出身的林志雄醫師認為傳統、正統的整形醫學，講求的只是把治療做到完美，卻毫無美感，而非正統美容整形中心會佔有一席之地，必有其可以學習之處。因此他融合了正統醫學中心的安全、無菌、醫療技術水準等基礎，加上美容中心講求美麗、精緻的獨特手法，研究出「不腫、無痛、少流血」的微整形醫學。比如打玻尿酸時他會依照光影投射，令玻尿酸用最小的劑量達到最大的效果。他用的填充物也強調品質保證，不僅有雷射標籤，還有保證書。他說自己的微整形特色就是：局部麻醉、微調、流血少、傷口小、不用引流管，做完可以馬上回家。

小提醒：空間較小，必須提早預約。

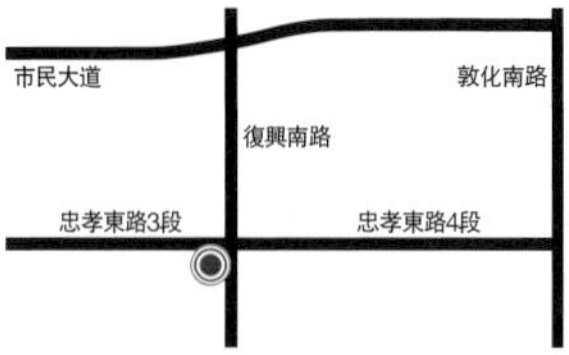

價格昂貴度 ■■■
環境舒適度 ■■■■■
國際認同度 ■■■■

台北市忠孝東路四段2號7樓-9
Tel: 02-2771-4088 Fax: 02-2771-1318

---

2 佳醫美人診所

玻尿酸、肉毒桿菌、五爪拉皮、各種雷射等。

台北的佳醫美人診所以皮膚科專業為主，輔以整型外科，因此醫療團隊中有五位皮膚專科醫師與二位整形外科醫師可供會診。在雷射儀器上則有脈衝光、染料雷射、亞歷山大雷射、銣雅鉻、鉺雅鉻雷射等七台專業儀器，各有不同作用分工詳細，還有最新的二代飛梭與NXT電波拉皮儀器。舒適的空間分為三區：美療區是以雷射與注射為主，治療皮膚、注射填充物等，纖體區作體型雕塑，有最新的雷射溶脂，整型外科區則有隆胸、五爪拉皮等服務。李宛樺醫師表示，診所裡用得最多的是淨膚雷射與飛梭，使用年齡廣、同時效果也好，醫師與具有執照的美容師們也都會親身試用雷射產品。

小提醒：診療項目多樣，宜先電話查詢。

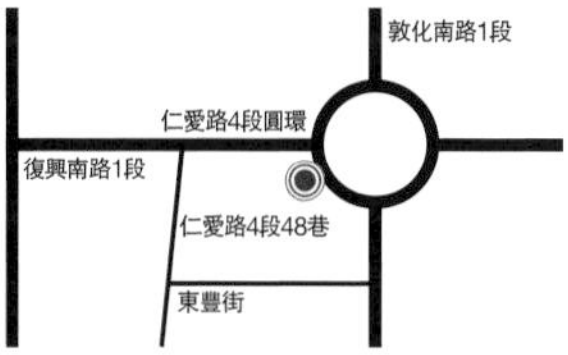

價格昂貴度 ■■■■
環境舒適度 ■■■■■
專業項目數 ■■■■■

台北市仁愛路四段66號2樓
Tel: 02-2708-6333 Fax: 02-2702-4237
http://www.beautyclinic.com.tw

3 薇妮斯整形外科

黃寶石雷射、磨皮雷射、電波拉皮。

問及什麼是現代整形手術最重要的消費觀念，薇妮斯整形外科黃仁炫院長幽默的說：「外科醫師要像小偷一樣的靈巧，不留痕跡，自然得讓人分辨不出來。」黃院長認為，微整形其實是一門尊重自然的藝術，它與傳統的整形手術相比，特點為破壞更少、傷口更小、恢復更快，但效果卻不亞於傳統整形。薇妮斯整形外科是一間綜合性的整形診所，院長黃仁炫畢業於台大醫學院，並曾擔任台大醫院整形外科總醫師，專精各項整形及美容醫學，除了皮膚問題之外，不管是眼袋、雙眼皮、眼皮抽脂等顏面整形，或如胸部整形、曲線整形，皆是這裡的專長項目。

小提醒：風格樸實簡約，較無休閒設施。

價格昂貴度 ■■■■
環境舒適度 ■■■
國際認同度 ■■■■

台北市忠孝東路四段120-12號12樓
Tel: 02-2752-3008
http://www.yesvenus.com.tw/

---

4 東京風采

玻尿酸、肉毒桿菌、微晶瓷、各種雷射等。

張大力醫師從日本帶回精緻整形的技術與美感，應用在台灣的微整形上。他認為除了必須滿足消費者的需求之外，更應該提供全方位以人為本的醫療服務。不管是診所的設備與服務的品質，都要求與東京同步，讓消費者享有國際級的醫療品質。整形外科出身的他擅長分齡抗老，在與客人事前充分溝通後，利用儀器與注射方式的相互搭配作雞尾酒整形療法。他同時強調「預防醫學美容」，了解來做微整形客人的需求、生活作息、曾經做過什麼項目等，再針對問題搭配治療方式，有時候也會輔以體內療法，像是日本很流行的自體血清回春或用食物、保養品的方式搭配治療。

小提醒：療法多樣，需充分溝通。

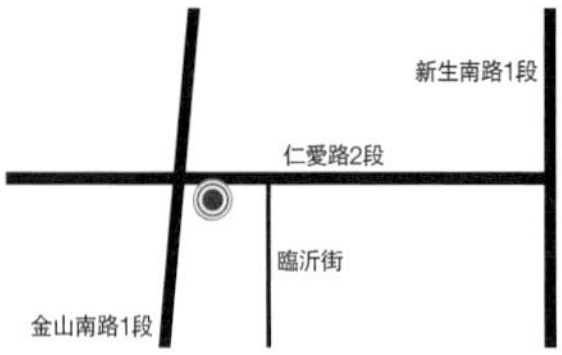

價格昂貴度 ■■■
環境舒適度 ■■■
國際認同度 ■■■

台北市仁愛路二段48號7樓
Tel: 02-2358-1738　Fax: 02-2358-1938
http://www.tokyostyle.com.tw

5 嘉仕美整型診所

飛梭雷射、亞力山大雷射、柔膚雷射、脈衝光、電波拉皮、玻尿酸、肉毒桿菌等。

本診所由胡瓜的女婿李進良醫師開設，在演藝圈具有相當高的知名度與信任度，診所右側的簽名牆上留下數十位藝人的簽名。這裡的空間格外舒適，簡潔空間中流洩著輕緩的電子音樂，營造時尚輕巧的空間感。來到這兒，會先有諮詢師和客人在隱密的諮詢室洽談需求，並有電腦3D模擬出整形前後的臉部差異，再由醫師量身打造最適合的建議。五間美容室有著飛梭雷射、亞力山大雷射、柔膚雷射等最新儀器，手術室的藝術牆面讓人感覺不像是來作微整形，比較像是來做造型呢！現在最熱門的微整型就是玻尿酸、肉毒桿菌、飛梭雷射等。

小提醒：本診所請務必提早預約。

價格昂貴度 ■■■■
環境舒適度 ■■■■
國際認同度 ■■

台北市忠孝東路四段230號2樓
Tel: 02-2731-0909　Fax: 02-2731-7979
http://www.justmake.tw

---

6 梁偉中美容整型外科診所

膠原蛋白、玻尿酸、雅得媚、微晶瓷、五爪拉皮等。

梁偉中醫師應該是目前整形外科醫師裡，發表最多國際性學術論文的醫師了。常上媒體解說整形專業的他，利用醫療空檔有系統地整理客人的資料，作為學術研究，並且長期追蹤，因此他的學術報告不論是創新手法或是研究結果，都受到國際認同。梁偉中醫師也堅持不以機器為主要業務，專長五爪拉皮的他，在微整形領域上，以注射劑治療為主，他認為注射劑必須憑靠醫師的豐富經驗，就像手工藝一樣，與醫師的手感、判斷力有很大的關係，而這才是醫術所憑恃的地方。醫院也製作清楚的表格，讓價格透明化，使消費者更加放心。

小提醒：以注射為主，怕打針勿試。

價格昂貴度 ■■■
環境舒適度 ■■■■
國際認同度 ■■■■■

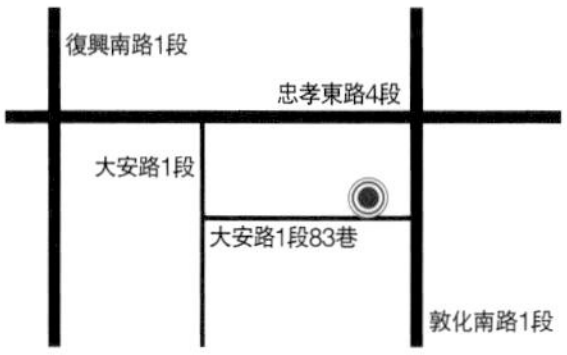

台北市忠孝東路四段124-4號5樓
Tel: 02-2771-6660　Fax: 02-2752-2945
http://www.cosmetic-clinic.com.tw

7 藝術家整型外科

玻尿酸、肉毒桿菌、雅得媚、電波拉皮、脈衝光、微晶瓷、柔膚雷射等。

藝術家整型外科擁有完整的醫療團隊，包括張炯銘醫師在內，吳武璋、江文標、林逸群等醫師都各有專精。醫師們常出國進修，帶回最新的整形資訊，由張炯銘醫師負責整合教學，吳武璋醫師擅長臉型、身材雕塑，江文標醫師專精皮膚美容、電波拉皮與雷射，林逸群醫師則對內視鏡拉皮、五官整形相當拿手。也因為有四位醫師的專精，藝術家整型外科算是全方位的整形外科，醫師會先諮詢客人的意見與想法、充分討論整形的內容，並把手術後的優缺點全部告知。這裡的微整形價格透明，一進門就能看到牆上貼著各類微整形的價格表。

小提醒：問診人多，務必事先預約。

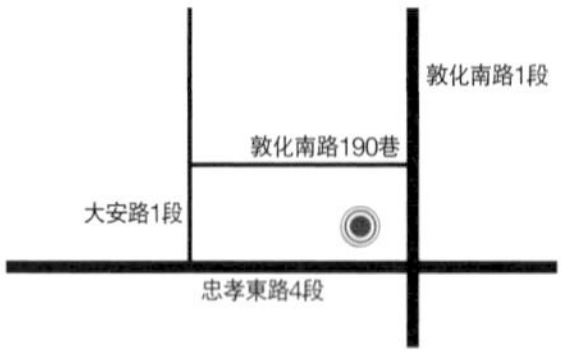

價格昂貴度 ■■■
環境舒適度 ■■
國際認同度 ■■■

台北市忠孝東路4段73-2號3樓
Tel: 02-8773-9790　Fax: 02-2775-4848
http://www.artists.com.tw

---

8 iSkin君悅時尚美醫診所

飛梭雷射、柔膚雷射、美白、玻尿酸、肉毒桿菌等。

擁有兩家分店、三位皮膚專科醫師看診的iSkin，除了有皮膚問題的人都可以來這裡諮詢看診外，也有打玻尿酸、肉毒桿菌、雷射等微整形美容服務。楊心怡醫師表示，飛梭雷射是iSkin最早引進台灣的，現在更搭配不同的機器，而有「多層次飛梭」雷射，利用兩種機器雷射的深淺層，達到最好的效果。此外還有第二代飛梭「二氧化碳雷射」，把不易填補的箱型凹洞形狀變回弧形，改善填補效果。也因為強調皮膚專科，像是除皺、青春痘、回春、拉皮等，都是皮膚科的範疇，同時這裡設有藥師，可直接諮詢皮膚保養照護問題。

小提醒：只針對皮膚，無全身微整形。

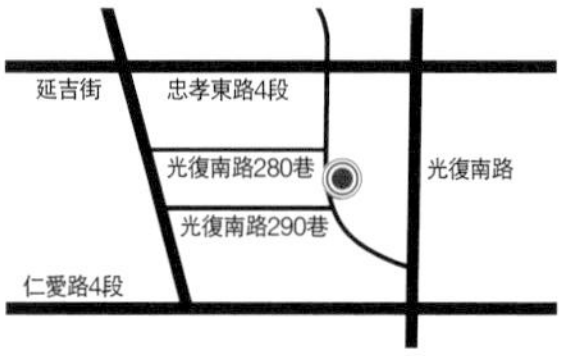

價格昂貴度 ■■■
環境舒適度 ■■■■■
國際認同度 ■■

台北市光復南路288號2樓之5
Tel: 02-2751-2066　Fax: 02-2751-2096
http://www.iskin.com.tw

9 佳美整型診所

肉毒桿菌、玻尿酸、膠原蛋白、雅得媚、微晶瓷、中胚層重建、脈衝光、飛梭雷射等。

開了二十年的佳美整型美容強調自己靠的是口碑，這裡的醫療團隊畢業自臺北醫學大學，並且擁有來自長庚整型外科與美容中心的資歷，具有一定程度的技術與專業，執行長張譯云強調，佳美整型美容診所非常重視精緻整形與術後服務，如果客人術後發生任何問題，都可以回來處理，並且醫院也會負責到底。佳美的四位醫師各有專長，也會針對客人年紀而有不同的做法與建議，同時所內也有物理部門針對術前、術後可能發生的問題進行預防或維護。除此之外，在這裡目前還可進行國外最熱門的中胚層重建，可說涵蓋範圍相當廣泛。

小提醒：診療範圍廣，請挑專業醫生。

價格昂貴度 ■■■
環境舒適度 ■■
國際認同度 ■■

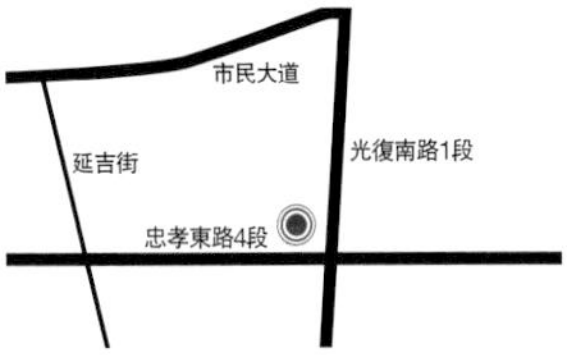

台北市忠孝東路四段341號8樓-1
Tel: 0800-212-549　Fax: 02-8771-0887
http://www.camaybeauty.com

---

10 國際美容整型外科

玻尿酸、肉毒桿菌、脈衝光、磨顏雷射、內視鏡拉皮等。

由吳榮醫師主導的國際美容整型外科，有豐富的教學指導經驗。候診室旁一排證照裡就有吳榮醫師參加世界性美容會議的感謝函，由於韓國醫師常包團來台灣向他學習，他甚至還自製教學DVD，提供國際交流的輔助指導。吳榮醫師常往來各國，與日、韓等國的醫師交流學習尤其密切，今年才到澳洲墨爾本參加國際美容外科醫學會研討會，他經由正規的長庚整形外科出身，並多次受邀國際演討會演講、教學關於內試鏡手術的注意事項。關於他的專長內視鏡手術，他指出內視鏡傷口小、流血少，這是此種手術最大的好處。

小提醒：醫生常出國，請先預約。

價格昂貴度 ■■■
環境舒適度 ■■■
國際認同度 ■■■■

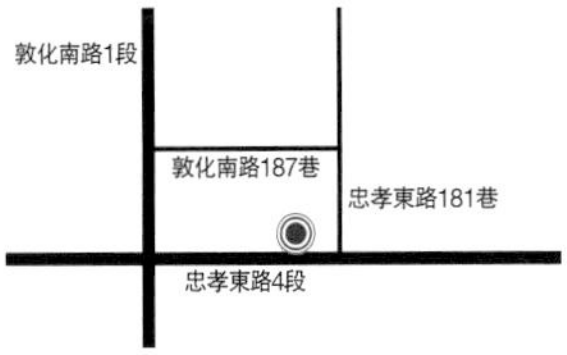

台北市忠孝東路四段177號4樓
Tel: 02-2778-6148　Fax: 02-8771-9805
http://www.maxbeauty.com.tw

11 聯合整型外科診所

肉毒桿菌、玻尿酸、熱拉皮、光療、雷射等。

常上媒體的林靜芸醫師是台灣第一個整形外科女醫師，挾著三十多年整形外科的經驗，林靜芸醫師很有自信地說：「我這裡什麼裝潢都沒有，我強調的是診斷。」林醫師的診斷也和別人很不同，她會找出需要整形的原因，「有時候是生活作息的關係，整了也不一定有用，我反而會叫對方不要整。」在諮詢時，她甚至會提供養生方法呢。三十年前就開始作整形外科手術，林醫師說來找她的大多是四十至六十歲的女性，她也強調醫療的安全性，在評估手術時會同時評估患者的健康狀態、生活習慣等，認為美容應該奠基在醫療的基礎上，「先有健康，才有美貌。」

小提醒：環境無裝潢，較像醫院。

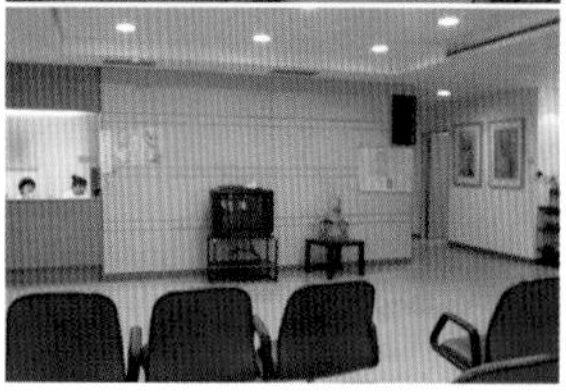

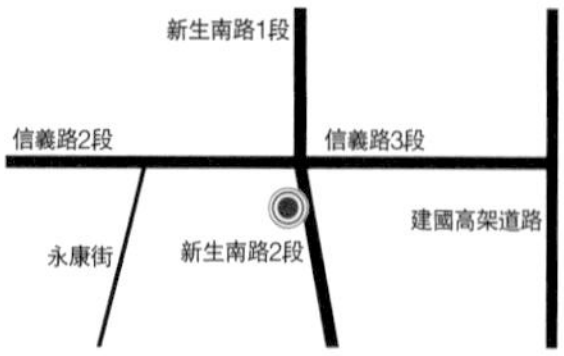

價格昂貴度 ■■
環境舒適度 ■■■
國際認同度 ■■■■

台北市新生南路二段8號2樓
Tel: 02-2394-2333 Fax: 02-2357-9554
http://www.jeansclinic.com

---

12 風華整型診所

玻尿酸、肉毒桿菌、微晶瓷、各種雷射等。

原本在天母開了七、八年的風華整型診所，最近剛搬到忠孝西路，最大的特色在於交通方便、三鐵共構，因此吸引了許多從中南部上來做微整型的客人，甚至可以坐高鐵當天來回，不需要輾轉尋找地點，也減少了消費者轉車奔波的辛苦。外科出身的高義盛醫師曾擔任竹東醫院整形外科主任，學歷則是陽明、榮總系統出身，手術以隆鼻最為知名，另外還有額頭凹陷的補足也是他所獨創。雖然也有雷射醫療機器，但注重臉部細節的他認為，注射美容需要很多技巧，很有挑戰性，對醫師來說門檻也比較高，因此他最得意的就是利用玻尿酸注射讓額頭天庭飽滿，達到面相端正、美麗的目的。

小提醒：位於新大樓內，較為難找。

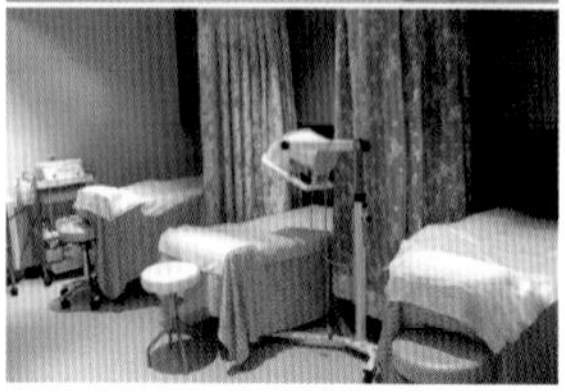

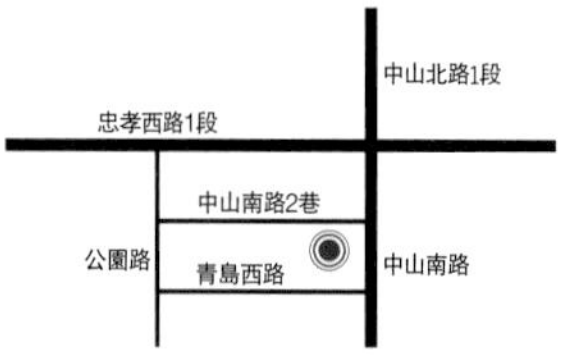

價格昂貴度 ■■■
環境舒適度 ■■■■
國際認同度 ■■

台北市忠孝西路一段6號3樓
Tel: 0800-899-338 Fax: 02-2371-2787
http://www.charm3c.com.tw

13 李久恆整型外科

玻尿酸、膠原蛋白、電波拉皮、飛梭雷射、黑娃娃柔膚雷射、磁波光等。

李久恆醫師畢業於國防醫學院，曾任三總整型外科主治醫師，並赴美國UCLA與德州大學等地進修，診所裡除了基本的電波拉皮、3D飛梭雷射、柔膚雷射之外，還有利用電磁波作除皺、除斑的磁波光。他表示自己用的電波拉皮儀器不需耗材，因此可以把價錢回饋給消費者，但注射方面就依廠商建議售價。李醫師對美容與命理的結合頗有看法。針對許多民眾對於整形改運增添自信心的需求，李醫師也很有經驗，能提供適當的諮商與調整。除此之外，李醫師的特殊強項在於幫男性性器官做微整形及去除鬍鬚的除毛雷射，曾獲媒體大幅報導。

小提醒：位於中山區，不易停車。

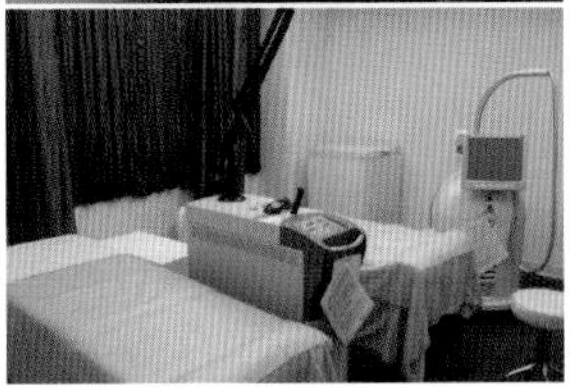

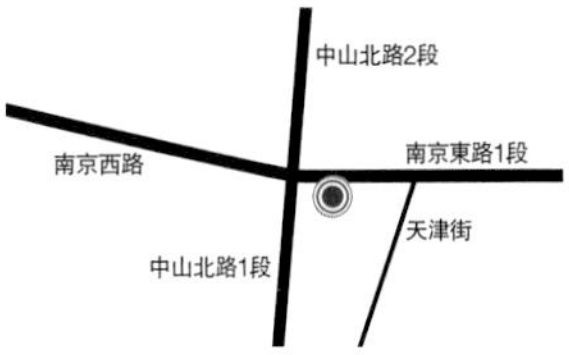

價格昂貴度 ■■
環境舒適度 ■■
國際認同度 ■■■

台北市南京東路一段2號6樓
Tel: 002-2531-8800　Fax: 02-2531-8726
http://www.bg1.com.tw

---

14 綺色佳整形美容診所

玻尿酸、肉毒桿菌、電波拉皮等。

綺色佳的張高榮醫師是正統整形外科出身，台大醫科畢業後，經歷台大醫院、長庚醫院的整型外科資歷，張醫師將微整形當作正式的整形手術對待，由於考慮到微整形也有痛感，因此他利用精巧的技術把痛感降到最低。綺色佳整形美容診所主要客戶為熟齡、有抗老化需求但事業忙碌的女性。在他的診所中，他講求「一次到位」的主張，不用分多次進行，利用玻尿酸、肉毒桿菌、電波拉皮的整合搭配，一次就把微整形的需求做到完整。他強調全臉都可以雕塑，而且他很在意手術與術後品質，好比麻醉進行中有全程儀器監測患者的生理狀況，這些都必須以安全為要。

小提醒：一次做完，需多留恢復期。

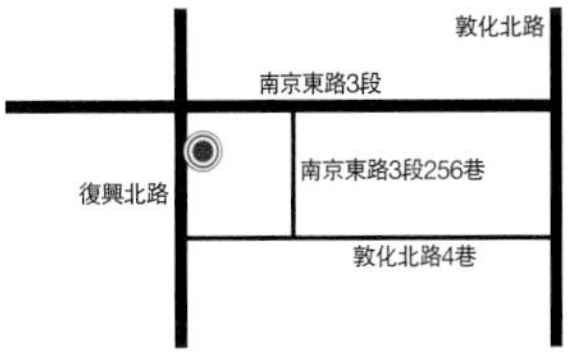

價格昂貴度 ■■■
環境舒適度 ■■■■
國際認同度 ■■

台北市復興北路73號3樓
Tel: 02-2740-0817　Fax: 02-2740-3609
http://www.iaac.com.tw

aella系列09

微調術

The Art of Refinement

作者：黃薇
責任編輯：徐秀娥、韓秀玫、繆沛倫
美術設計：Hsu Yu Wen: ear.hsu@gmail.com
法律顧問：全理律師事務所董安丹律師

出版者：英山外出版
台北市105南京東路四段25號11樓
讀者服務專線：0800-006-689
Tel：02-8712-3898　FAX：02-8712-3897
e-mail：locus@.locuspublishing.com
Web：www.locuspublishing.com

發行：大塊文化出版股份有限公司
台北市105南京東路四段25號11樓
www.locuspublishing.com
讀者服務專線：0800-006-689
Tel：02-8712-3898　Fax：02-8712-3897
郵撥帳號：189556765
戶名：大塊文化出版股份有限公司

總經銷：大和書報圖書股份有限公司
台北縣五股工業區五工五路2號
Tel：02-8990-2588（代表號）　Fax：02-2290-1658
製版：瑞豐實業股份有限公司

初版一刷：2009年2月
定價：新台幣320元
ISBN：978-986-6916-13-7

國家圖書館出版品預行編目資料

微調術
黃薇作．一初版．一臺北市：茵山外出版：
大塊文化發行，2009.02
面；公分．一（aella系列；9）
ISBN 978-986-6916-13-7（平裝）

1. 美容

424　　　　97001041

感謝

台北佳醫美人診所全體員工
台北佳醫美人診所皮膚科主治醫師
林志雄醫師・黃仁炫醫師
曜亞國際股份有限公司
Eros髮型設計John
M.A.C彩妝師Think
攝影師林炳存

aella

attraction · elegance · love · learning · action